168 STORIES 个故事系列

智慧成长故事 完美人格系列

启迪中学生
思考人生
的168个故事

郭世娴 徐生波 编著

北京出版集团公司
北京教育出版社

图书在版编目（CIP）数据

启迪中学生思考人生的168个故事/郭世娴，徐生波编著. －北京:北京教育出版社,2005

（智慧成长故事　完美人格系列）

ISBN 978 － 7 － 5303 － 4838 － 3

Ⅰ.①启… Ⅱ.①郭… ②徐… Ⅲ.①人生哲学－青少年读物 Ⅳ.①B821－49

中国版本图书馆 CIP 数据核字（2005）第 111245 号

智慧成长故事　完美人格系列

启迪中学生思考人生的 168 个故事

QIDI ZHONGXUESHENG SIKAO RENSHENG DE 168 GE GUSHI

郭世娴　徐生波　编著

*

北京出版集团公司

北京教育出版社　出版

（北京北三环中路6号）

邮政编码:100120

网址:www.bph.com.cn

北京出版集团公司总发行

全国各地书店经销

三河市嘉科万达彩色印刷有限公司印刷

*

787mm×1092mm　16 开本　印张 14.5　290000 字

2005 年 10 月第 2 版　2016 年 4 月修订　第 11 次印刷

ISBN 978 － 7 － 5303 － 4838 － 3/Ⅰ·13

定价:29.80 元

质量监督电话:(010)62698883　58572750　58572393　　购书电话:(010)58572902

第1章

静观成败——开启人生之路

第2章

珍惜健康——体验人生百味

第3章

认识金钱——启迪你的心扉

第**4**章

身处逆境——扬起你的斗志

第 5 章

谱写生命——演奏华美乐章

第6章

咀嚼幸福——品尝生活的滋味

第 **7** 章

面临选择——考验你的智慧

第 1 章

静观成败——开启人生之路

人生充满了各种各样的成功和失败。

成功，是人生中绚丽的花朵，它的绽放，肯定了我们的能力，增强了我们的信心，鼓舞了我们的士气。

失败，犹如人生路上的绊脚石，稍不留神，就会被它绊倒。

成功需要心态，端正的、积极的心态是成功的开端。

成功需要方法，好的方法可以事半功倍。

成功需要坚持，成功之路往往是漫长的，坚定信念，毫不松懈，才能等到成功的到来。

人们只愿成功，不愿失败。然而，人生不可能只有成功没有失败。

失败砥砺我们奋斗的勇气，一个不能接受失败的人，就不配迎接成功。

失败为我们提供教训，知道错误的路，成功的路就不远了。

失败磨炼我们坚强的意志，使我们更好地探求成功。

无论成功，还是失败，都是生命中必经的过程。

让我们坦然地面对失败，然后，尽情地分享成功的喜悦！

一只青蛙的成功

有时成功就是这样，听不见别人消极的话语，你始终朝着自己心里锁定的目标努力就会成功，坚持就是胜利！

青蛙家族准备举办一场比赛，目标是登上一个很高的塔顶。比赛开始那天，一大群青蛙围聚在塔下观看比赛，并为竞赛者欢呼，每一个参赛者和观看者都抱着十二万分的热情。

比赛开始了，场外的青蛙们努力地大声呼喊着，为场内参加比赛的青蛙们加油。可是，有些青蛙却在下面窃窃私语，他们真为这群参赛的小青蛙捏了一把冷汗，因为这座塔实在是太高了，你可以听到诸如此类的话：

"哦，道路太难走了！"

"他们将永远不会到达塔顶。"

……

听到这些话，一些小青蛙开始崩溃，退出比赛，因为他们也觉得这塔实在是太高了，抬头向上望也望不到顶。退出比赛的他们只能无奈地望着那些迅速攀登者们爬得越来越高，观战之余也参加到那些场外青蛙的议论中来：

"这太难了！没人会成功！"

于是，更多的小青蛙开始放弃。

最后只剩下一只青蛙爬得越来越高，他不愿放弃！

经过艰苦的努力，他成为到达塔顶的唯一一只青蛙！接着，所有其他的小青蛙自然都很想知道这只青蛙是怎样成功的，他们围拢在成功的小青蛙四周，询问他是怎样找到力量从而达到目标的。

原来这只胜利的小青蛙由于一次事故，双耳都失去了听觉。

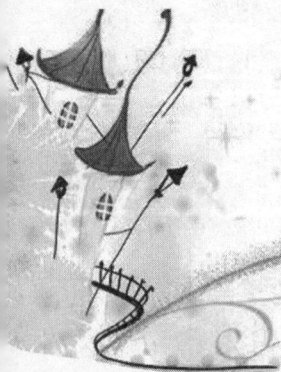

刘翔的成败观

从 2004 年雅典奥运会至今，刘翔的职业生涯可谓起起伏伏，他在神话与现实间反复切换，成为了中国体育的永恒坐标。

2004 年 8 月 27 日，在雅典奥运会男子 110 米栏项目的决赛中，刘翔以接近 3 米的优势率先冲过终点，终以 12 秒 91 的成绩夺得金牌，打破了奥运会纪录，追平了科林·杰克逊在 1993 年创造并保持了 11 年的世界纪录，为中国夺得了首枚男子田径奥运会金牌。

2007 年 8 月 31 日，刘翔在大阪世界田径锦标赛男子 110 米栏决赛中克服了被分在第 9 跑道的不利因素，最终以 12 秒 95 的成绩获得冠军，成为将该项目的奥运冠军、世界冠军和世界纪录保持者集于一身的大满贯得主。

2008 年 3 月 9 日，在西班牙瓦伦西亚举行的第 12 届世界室内田径锦标赛 60 米栏决赛中，刘翔以 7 秒 46 的成绩夺得冠军。这是刘翔的第一个个人室内赛世界冠军头衔，也是中国在室内田径世锦赛历史上的首枚男子金牌。

2008 年 8 月 18 日，在北京奥运会男子 110 米栏第一轮比赛时，由于伤势复发，刘翔最后临场退出比赛，卫冕失败。

2009 年 3 月 10 日，刘翔第一次戴上政协委员出席证。此后的每一届全国"两会"，刘翔都是媒体聚焦的热点。

2011 年 7 月 10 日，在亚洲田径锦标赛男子 110 米栏比赛中，刘翔以 13 秒 22 的成绩轻松夺冠，并打破自己保持了 6 年之久的 13 秒 30 的赛会纪录，成就了"四冠王"的伟业。

2013 年 4 月 13 日出现了这样一条新闻报道：

日前国内一家媒体爆料称，刘翔无限接近退役，之所以迟迟不对外宣布，是因为他的一些商业合同年底才到期，如果提

感 悟
ganwu

每个人的一生都会面对各种考验，成功与失败不过一念之间，不要做时喜时悲的人，要懂得用淡定的心态看待一切。"不以物喜，不以己悲"，你才是一个真正的成功者。

前宣布退役，田管中心就得承担高额违约金。

我们不得不慨叹，对于曾经有过辉煌战绩的刘翔来说，这样的话语是不是太过苛刻。然而，当刘翔看到这些负面新闻时，他说："不可抗的因素造成的不能参加比赛不是我所愿看到的，这确实会让一些'翔迷'们失望，但是，人生总会有起起落落，成败对于一个人来说不是最重要的。而且，我退役了，并不代表我失败了，人生还有很多其他的精彩。"

刘翔，一个一度让国人感到骄傲的风云人物，在经历了起起伏伏后，如今这样淡看成败，不得不让人敬佩。他坦言：做真实的自己就好。

为了0.1%的希望

感悟
ganwu

只要成功还有0.1%的希望，我们就不能轻言放弃。不放弃，也许不能成功；但是放弃了，就一定不会成功。

我是佛罗里达海湾的一名空降急救员。我的队友约翰是个性格温和的大块头。虽然我和约翰工作很努力，但需要直升机救援的病人受伤都非常严重，我们的抢救往往以失败告终。暴力和灾难从我们手中轻而易举地夺走了一个个生命。约翰和我常有无法化解的可怕的无助感。我们管自己叫"暗杀小组"，因为凡是遇到我们的人，不是已经死亡，就是在送急诊室后不久便离开人世。这天我们又接到了任务，报告上说是一辆卡车在高速公路上翻了车，一辆小轿车躲闪不及，失控撞在路边的金属护栏上。我们来到现场，发现横躺在我们面前的是一辆加长的多节拖车。小山一样的沙子堵住了整整3条车道。"这不是一辆普通的卡车。"约翰边说边和我一起跳出直升机，去抢救伤员。

路边的金属护栏上斜着一辆小轿车，车身撞得完全变了形。小车司机是个年轻女性，面部严重受伤，已经昏迷不醒。我们迅速把她从汽车残骸中抬出，直升机立即送她去急救中心。但直升机起飞不久，我们就接到不幸的消息：她的心脏停

止了跳动。

我和约翰又失败了，我只想回家，躲在衣橱里痛哭一个星期。然而约翰说："让我们在附近转转。"

"她已经死了，我们还能干什么？"我咆哮道，"帮他们清理沙子？"约翰一言不发地走到报废的小轿车前，他看到倒车镜上挂着一只婴儿鞋。他取下那只小鞋，然后又急忙把头探进车窗。一分钟后，他站起身来。"那孩子在哪儿？"约翰问。"什么孩子？谁的孩子？"我莫名其妙。但约翰已经向沙堆飞奔而去，我从没见他跑得那么快。直觉告诉我，他发现了不寻常的线索。我也紧跟在他身后跑。转眼我们已经到了沙堆最高处，我和约翰开始疯狂地挖沙子。"找到那个孩子！"约翰语无伦次地大喊："她刚从商店里出来……尿布……奶瓶……那只婴儿鞋。找到那个婴儿！"

我们像疯了一样，用手拼命地扒开沙子，并喊其他人来帮忙。其实那奶瓶和鞋子也许只是个巧合，99.9%的可能是我们要找的婴儿正安全地躺在家里，或是正在幼儿园里玩耍。但我们没有停手，有0.1%的可能就足够了。要知道，我们每次去抢救的伤者，他们生还的可能性都只有0.1%。生命太宝贵了，哪怕有一丝希望，我们都不会放弃。

突然，约翰兴奋地大叫起来："我找到他了！"确切地说，是个"她"。这是个只有9个月大的女婴，她被毯子包裹着，浅浅地覆盖着一层沙，还在甜睡，全然不觉周遭发生的不幸。一定是紧急刹车时，由于惯性被弹出了车窗，刚好落在沙丘上。令人无法相信的是，她除了右脚上有处小划伤外，毫发无损。我简直无法形容当时的喜悦之情。

虽然在后来的交锋中，我们曾无数次败给死神，但挂在倒车镜上的婴儿鞋时刻提醒我，只要有一丝胜利的希望，我们的战斗就是值得的。

诺贝尔奖获得者的奖励

索尔·佩尔马特，是美国加州伯克利大学的一名教授，经过不懈的努力，很幸运，他和另两位科学家一起获得了 2011 年度的诺贝尔物理学奖。得知这一获奖消息时，他正在给学生监考，据他的学生们回忆，教授当时只是淡淡地说了一句："我终于也有自己的停车位了。"设想一下，如果你是一位诺贝尔奖得主，会得到什么奖励？大笔奖金？独栋别墅？各种头衔？巡回演讲？不，这些都没有。伯克利大学图书馆馆长指着一排写着"NL"标志的停车位，向众人介绍："这些车位是专门为诺贝尔奖得主服务的，其他车辆均不得占用。这是学校给他们的唯一奖励。"

伯克利大学风景优美，气氛活跃，但车辆不能随意出入，更不用说随便停车了。NL，是 Nobel Laureate（诺贝尔桂冠得主）的缩写，这样一个蓝色的专属停车标志，是学校以其特有的方式，向诺奖得主致敬。伯克利校园里的专属停车位，除了残疾人的，就是诺奖得主的，有个 NL 车位上，停的甚至是辆山地车。

历年来，曾在伯克利工作或深造的诺贝尔奖得主，不少于 66 位，在该校物理系教学楼前，NL 车位有 5 个。得了诺贝尔奖，不涨工资，不升职，照样上课，照样监考，照样做实验，不同的只是车终于有地儿停了。

对于这个奖励措施，伯克利的教授是这样阐述的："做学问如果没有一颗淡泊的心，没法继续，更不可能前进。"

桂冠，由月桂的枝条编成，它闪耀的不是黄金或钻石的光芒，只有久远的芬芳。狷介自守，不骄不躁，这样淡然处之的态度，让桂冠回归了它的本质。诺贝尔奖不是功劳簿，更不是终身成就奖，它激励着精英们不断向未知领域探索，永不失去

感 悟
ganwu

唯有以平常之心对待所取得的成绩，你才会攀登上更高的台阶。

推动人类社会向前的动力与热情。

苏秦的"锥刺股"精神

苏秦自幼家境贫寒，温饱难继，读书自然是很奢侈的事。为了维持生计和读书，他不得不时常卖自己的头发和帮别人打短工，后又背井离乡到齐国求学，跟鬼谷子学纵横之术。

苏秦自恃学业有成后，便迫不及待告别师友，游历天下，以谋取功名利禄。一年后不仅一无所获，自己的盘缠也用完了。没办法再撑下去，于是他穿着破衣草鞋踏上了回家之路。

到家时，苏秦已骨瘦如柴，全身肮脏不堪，满脸尘土，与乞儿无异。落魄景象，令人同情。

妻子见他这个样子，摇头叹息，继续织布。嫂子见他这副样子，扭头就走，不愿做饭。父母、兄弟、妹妹不但不理他，还讥笑他说："按我们周人的传统，应该是安分于自己的产业，努力从事工商，以赚取十分之二的利润；现在倒好，放弃这种最根本的事业，去卖弄口舌，落得如此下场，真是活该！"此情此景，令苏秦无地自容，惭愧而伤心。他关起房门，不愿见人，对自己作了深刻的反省："妻子不理丈夫，嫂子不认小叔子，父母不认儿子，都是因为我不争气，学业未成而急于求成啊！"

他认识到自己的不足，又重振精神，搬出所有的书籍，发奋再读，他想道：

"一个读书人，既然已经决心埋头读书，却不能凭这些学问来取得尊贵的地位，那么，书读得再多，又有什么用呢？"

于是，他从这些书中拿出一本《阴符经》，用心钻研。

他每天研读至深夜，有时候不知不觉地伏在书案上就睡着了。每次醒来，都懊悔不已，痛骂自己无用，但又没什么办法

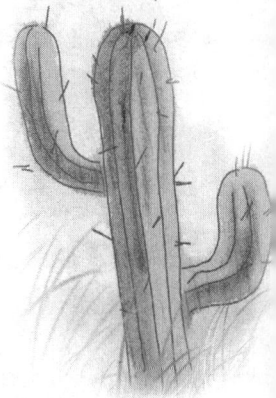

不让自己睡着。有一天，他读着读着实在困倦难当，不由自主地扑倒在书案上，但他猛然惊醒——手臂被什么东西刺了一下。一看是书案上放着一把锥子，他马上想出了防止打瞌睡的方法：锥刺股。每当要打瞌睡时，就用锥子扎自己的大腿一下，让自己猛然"痛醒"，保持苦读状态。他的大腿因此常常是鲜血淋淋，惨不忍睹。

家人见状，心有不忍，劝他说："你一定要成功的决心和心情可以理解，但不一定非要这样自虐啊！"

苏秦回答说："不这样，就会忘记过去的耻辱；只有这样，才能催我苦读！"

经过"血淋淋"的一年"痛"读，苏秦很有心得，写出了揣摩时事的名篇。这时，他充满自信地说："用这套理论和方法，可以说服许多国的君主！"

于是苏秦开始用"锥刺股"所得的学识和"锥刺股"的精神意志，游说六国，终获器重，挂六国相印，声名显赫，开创了自己辉煌的政治生涯。

天才的努力

感悟
ganwu

成功来自拼搏，成功来自坚毅，成功来自奋斗的汗水，成功来自坚持不懈的努力！

刘国梁曾经是中国乒乓球第一个拿到大满贯的球员，数年后，他又成为中国有史以来最年轻的主教练。刘国梁一直被大家称为天才，但刘国梁自己却不这样认为，他说："其实再好的天才也是要靠后天的努力才能成功的。"

据刘国梁自己回忆，小时候有一次打球的经历让他非常难忘。

那是刘国梁上小学的时候，有一天下午，天突降暴雨，很多学生放学后没有到体委乒乓球馆来训练。刘占胜（刘国梁的父亲兼教练）以为儿子肯定不会来，因为他上学时没有带雨具。突然，刘占胜发现一个瘦小的身影从雨幕中由远而近，仔细一看，原来刘国梁顶着书包赶到了球馆。淋得如落汤鸡的他没来得及换衣服就开始了训练。

没想到这天夜晚刘国梁发起了高烧，母亲心疼得直掉眼泪。次日凌晨父母便送儿子到医院打吊针，在医院打完吊针已是下午四五点，医生说刘国梁至少得休息三天，才能再练球。刘国梁一听急坏了。结果父亲前脚刚进体委乒乓球馆，他后脚就赶到了。

见儿子拖着病体坚持练球，父亲的眼眶有些湿润，心里却涌起一股暖流。他被儿子这种"任尔东南西北风""咬定青山不放松"的精神感动，也为自己的事业后继有人而甚感欣慰。

这件事后来在刘国梁父母所在的单位传开了，有不少不知内情的人略带指责地说："刘家对国梁也太苛刻了，这么早就让他练球，生病了也不放过。"但是，就是这么一股坚忍不拔、勤学苦练的精神才支撑着他走到了今天。

钢玻璃杯的故事

一个农民，初中只读了两年，家里就没钱继续供他上学了。他辍学回家，帮父亲耕种三亩薄田。在他 19 岁时，父亲去世了，家庭的重担全部压在了他的肩上。他要照顾身体不好的母亲，还有一位瘫痪在床的祖母。

上世纪 80 年代，农田承包到户。他把一块水洼挖成池塘，想养鱼。但乡里的干部告诉他，水田不能养鱼，只能种庄稼，他只好又把水塘填平。这件事成了一个笑话，在别人的眼里，他是一个想发财但又非常愚蠢的人。听说养鸡能赚钱，他向亲戚借了 500 元钱，养起了鸡。但是一场洪水后，鸡得了鸡瘟，

记得里尔克的诗曾有这样的一句话：挺住，意味着一切！是的，在人的生活和奋斗中必然会遇到许多困苦和不如意，但只要咬牙挺住，你终究会感觉到生活的美好。

几天内全部死光了。500元对别人来说可能不算什么，但对一个只靠三亩薄田生活的家庭而言，简直是一个天文数字。他的母亲受不了这个刺激，竟然忧郁而死。

他后来酿过酒，捕过鱼，甚至还在石矿的悬崖上帮人打过炮眼……可都没有赚到钱。35岁的时候，他还没有娶到媳妇。即使是离异的有孩子的女人也看不上他。因为他只有一间土屋，随时有可能在一场大雨后倒塌。娶不上老婆的男人，在农村是没有人看得起的。

但他还想搏一搏，就四处借钱买了一辆手扶拖拉机。不料，上路不到半个月，这辆拖拉机就载着他冲入一条河里。他断了一条腿，成了瘸子。而那拖拉机，被人捞起来，已经支离破碎，他只能拆开它，当做废铁卖。几乎所有的人都说他这辈子完了。

然而最终的结局是：他成了我所在的这个城市里的一家公司的老总，手中有两亿元的资产。现在，许多人都知道他苦难的过去和富有传奇色彩的创业经历。许多媒体采访过他，许多报告文学描述过他。但我只记得这样一个情节。记者问他："在苦难的日子里，你凭什么一次又一次毫不退缩？"他坐在宽大豪华的办公桌后面，喝完了手里的一杯水。然后，他把玻璃杯子握在手里，反问记者：

"如果我松手，这只杯子会怎样？"

记者说："摔在地上，碎了。"

"那我们试试看。"他说。

他手一松，杯子掉到地上发出清脆的声音，但并没有破碎，而是完好无损。

他说："即使有10个人在场，他们都会认为这只杯子必碎无疑。但是，这只杯子不是普通的玻璃杯，而是用玻璃钢制作的。"于是，我记住了这段经典绝妙的对话。这样的人，即使只有一口气，他也会努力去拉住成功的手。

· 黑　带 ·

一位武林高手跪在武学宗师的面前，接受得来不易的黑带。这个徒弟经过多年的严格训练，在武林终于出人头地。

"在授予你黑带之前，你必须接受一个考验。"武学宗师说。

"我准备好了。"徒弟答道，以为可能是最后一个回合的练拳。

"你必须回答最基本的问题：黑带的真正含义是什么？"

"是我习武的结束。"徒弟答道，"是我辛苦练功应该得到的奖励。"

武学宗师等待着他再说些什么，显然他不满意徒弟的回答。最后他开口了："你还没有到拿黑带的时候，一年以后再来。"

一年以后，徒弟再度跪在宗师的面前，宗师又问他黑带的真正含义是什么？

"是本门武学中最杰出和最高荣誉的象征。"徒弟说。

武学宗师等啊等，过了好几分钟，徒弟还是不说话，显然他很不满意。最后说："你仍然没有到拿黑带的时候，一年以后再来。"

一年以后，徒弟又跪在宗师的面前，师傅又问："黑带的真正含义是什么？"

"黑带代表开始——代表无休止的磨炼、奋斗和追求更高标准的里程的起点。"

"好，你已经可以接受黑带，开始奋斗了。"

宝箭的故事

春秋战国时代，一位父亲和他的儿子出征打仗。父亲已做了将军，儿子还只是马前卒。又一阵号角吹响，战鼓雷鸣，父亲庄严地托起一个箭囊，其中插着一支箭。父亲郑重地对儿子说："这是家传宝箭，配带身边，你就会力量无穷，但千万不可抽出来。"那是一个极其精美的箭囊，厚牛皮打制，镶着幽幽泛光的铜边儿，再看露出的箭尾，一眼便能认定是用上等的孔雀羽毛制作的。儿子喜上眉梢，贪婪地推想箭杆、箭头的模样，耳旁仿佛有嗖嗖的箭声掠过，敌方的主帅应声折马而毙。果然，配带宝箭的儿子英勇非凡，所向披靡。当收兵的号角吹响时，儿子再也禁不住诱惑，完全背弃了父亲的叮嘱，呼一声就拔出宝箭，试图看个究竟。骤然间，他惊呆了。一支断箭，箭囊里装的竟是一支折断的箭。"我一直带着支断箭打仗呢！"儿子吓出了一身冷汗，仿佛顷刻间失去支柱的房子，意志被摧毁了。

结果不言自明，儿子惨死于乱军之中。拂开蒙蒙的硝烟，父亲捡起那支断箭，沉重地啐一口道："不相信自己的意志，永远也做不成将军。"

学琴的故事

古时候有个善于弹琴的乐师名叫师襄，据说在他弹琴的时候，鸟儿能踏着节拍飞舞，鱼儿也会随着韵律跳跃。郑国的师文听说了这件事后，十分向往，于是离家出走，来到鲁国拜师襄为师。师襄手把手地教他调弦定音，可是他的手指十分僵硬，学了3年，竟弹不成一个乐章。师襄无法可想，只好说："你太缺乏悟性，恐怕很难学会弹琴，你可以回家了。"

师文放下琴后，叹了口气，说："我并不是不能调好弦、定准音，也不是不会弹奏完整的乐章。然而我所关注的并非只是调弦，我所向往的也不仅仅是音调节律。我的真正追求是想用琴声来宣泄内心复杂而难以表达的情感啊，在我尚不能准确地把握情感，并且用琴声与之相呼应的时候，我暂时还不敢放手去拨弄琴弦。因此，请老师再给我一些时日，看是否能有长进！"

果然，在过了一段时间以后，师文又去拜见他的老师师襄。师襄问："你的琴现在弹得怎样啦？"师文胸有成竹地说："稍微摸到了一点门道，请让我试弹一曲吧。"于是，师文开始拨弄琴弦。他首先奏响了属于金音的商弦，使之发出代表8月的南吕乐律，只觉琴声挟着凉爽的秋风拂面，似乎草木都要成熟结果了。面对这金黄收获的秋色，他又拨动了属于木音的角弦，使之发出代表2月的夹钟乐律，随之又好像有温暖的春风在耳畔回荡，顿时引来花红柳绿，好一派春意盎然的景色。

接着，师文奏响了属于水音的羽弦，使之发出代表11月的黄钟乐律，不一会儿，竟使人感到霜雪交加，江河封冻，一派肃杀景象如在眼前。再往下，他叩响了属于火音的徵弦，使之发出代表5月的蕤宾乐律，又使人仿佛见到了骄阳似火，坚冰消释。在乐曲将终之际，师文又奏响了五音之首的宫弦，使之与商、角、徵、羽四弦产生和鸣，顿时在四周便有南风轻拂，祥云缭绕，恰似甘露从天而降，清泉于地喷涌。

这时，早已听得如痴如醉的师襄忍不住双手抚胸，兴奋异常，当面称赞师文说："你的琴真是演奏得太美妙了！即使是晋国的师旷弹奏的清角之曲，齐国的邹衍吹奏的律管之音，也无法与你这令人着迷的琴声相媲美呀！他们如果能来此地，我想他们一定会带上自己的琴瑟管箫，跟在你的后面当学生哩！"

学习任何东西都不能满足于表面上的简单操作，而要花气力、下苦功，深究其理，矢志不渝，只有这样，才有可能达到得心应手的自由境界，才能取得理想成绩。

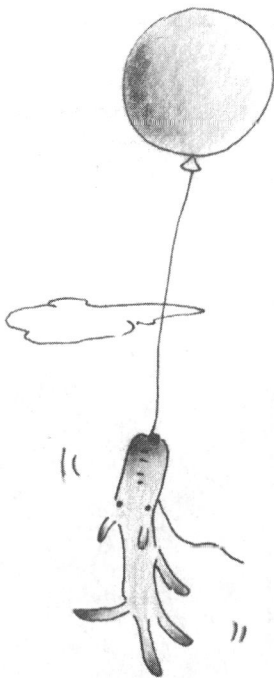

·自我克制·

一个商人需要一个小伙计，他在商店的橱窗上贴了一张独特的广告："招聘：一个能自我克制的男士。每星期40美元，合适者可以拿60美元。""自我克制"这个术语引起了小伙子们的思考，也引起了父母们的思考，自然也引来了众多求职者。

每个求职者都要经过一个特别的考试。卡特也来应聘，他忐忑地等待着，终于，该他出场了。

"能阅读吗？"

"能，先生。"

"你能读一读这一段吗？"他把一张报纸放在卡特的面前。

"可以，先生。"

"你能一刻不停顿地朗读吗？"

"可以，先生。"

"很好，跟我来。"商人把卡特带到他的私人办公室，然后把门关上。他把这张报纸送到卡特手上，上面印着卡特答应不停顿地读完的那一段文字。

阅读刚一开始，商人就放出6只可爱的小狗，小狗跑到卡特的脚边。这太过分了。许多应聘者都因经受不住诱惑要看看美丽的小狗，视线离开了阅读材料，因此而被淘汰。但是，卡特始终没有忘记自己的角色，在排在他前面的70个人失败之后，他不受诱惑一口气读完了材料。

商人很高兴，他问卡特："你在读书的时候没有注意到你脚边的小狗吗？"

卡特答道："对，先生。"

"我想你应该知道它们的存在，对吗？"

"对，先生。"

"那么，为什么你不看一看它们？"

"因为你告诉过我要不停顿地读完这一段。"

"你总是遵守你的诺言吗？"

"的确是，我总是努力地去做，先生。"

商人在办公室里来回走着，突然高兴地说道："你就是我想要的人。"

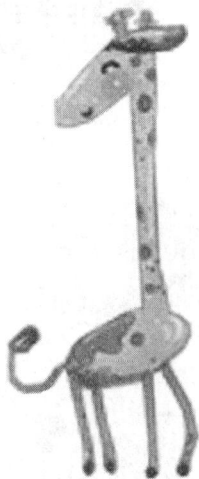

红豆·绿豆

四个农业大学毕业的大学生，接连去了几个人才市场，都没有找到一份合适的工作。那天，再次遭遇挫折的他们，垂头丧气地走进一家小酒店，一边喝着啤酒，一边宣泄着满腹的牢骚，后悔自己当初进错了校门，选错了专业。

这时，一位神态悠然的年轻人走到他们面前，微笑着问他们："你们觉得自己很有才华，是吗？"

"那当然了，最起码我们是大学生。"一个学生毫不含糊。

"大学生很多，谁有才华不是靠嘴上说的，得靠行动来证明。"年轻人拉过一把凳子坐下来。

"可那些用人单位连让我们证明的机会都不给呀！"另一个学生抱怨道。

"那是因为你们还没达到让人家一眼就看出水平的程度。"年轻人说着，随手打开自己携带的黑包，抓出一把饱满的绿豆来，放到一个空杯子里，让他们每人从中挑选一粒。

他们满脸疑惑地各自挑了一粒，拿在手里。这时，年轻人微笑着让他们再仔细看看手里选中的绿豆，记住它的特征，然后又让他们把绿豆放回杯子里。年轻人拿起杯子轻轻摇晃了一下，把杯子里的绿豆全倒在桌子上，让他们找出刚才各自挑选的绿豆。都是一模一样大小的绿豆，四个大学生瞪大眼睛，谁也挑不出。

感悟
ganwu

"再醒目一些，再特别一些，再超凡脱俗一些。"这是一位美国富豪的成功秘诀。

15

这时，年轻人又从兜里掏出四粒红豆，扔到那一堆绿豆里面，用手掌摊了摊，问他们："能挑出我刚混进去的那四粒红豆吗？"大学生们很轻松地就挑出了那四粒颜色醒目的红豆。

"那么，现在我请问你们，谁能证明自己是一粒与众不同的红豆呢？"年轻人收起桌子上的绿豆，给几个聪明的大学生留下这个问题，便转身离去。

后来，他们惊讶地得知那位年轻人就是一家跨国种子公司26岁的总经理，在当今粮食连年滞销的形势下，他靠经营系列"红色粮食"打开了市场。目前，他麾下拥有员工两千多人，资产逾亿元，而他的最高学历是——初中毕业。

成功并不像你想像的那么难

人世中的许多事，只要想做，都能做到，该克服的困难，也都能克服。其实，成功并没有你想像中那么难。不是因为事情难，我们不敢做；而是因为我们不敢做，事情才难的。

1965年，一位韩国学生到剑桥大学主修心理学。在喝下午茶的时候，他常到学校的咖啡厅或茶座听一些成功人士聊天。这些成功人士包括诺贝尔奖获得者、某些领域的学术权威和一些创造了经济神话的人，这些人幽默风趣，举重若轻，把自己的成功看得非常自然和顺理成章。时间长了，他发现，在国内时，他被一些成功人士欺骗了。那些人为了让正在创业的人知难而退，普遍把自己的创业艰辛夸大了，也就是说，他们在用自己的成功经历吓唬那些还没有取得成功的人。作为心理系的学生，他认为很有必要对韩国成功人士的心态加以研究。

1970年，他把《成功并不像你想像的那么难》作为毕业论文，提交给现代经济心理学的创始人威尔·布雷登教授。布雷登教授读后，大为惊喜，他认为这是个新发现，这种现象虽然在东方甚至在世界各地普遍存在，但此前还没有一个人大胆地提出来并加以研究。惊喜之余，他写信给他的剑桥校友——当时正坐在韩国政坛第一把交椅上的人——朴正熙。他在信中说："我不敢说这部著作对你有多大的帮助，但我敢肯定它比你的任何一个政令都能产生震动。"

后来，这本书果然伴随着韩国经济的腾飞。这本书鼓舞了许多人，因为它从一个新的角度告诉人们，成功与"劳其筋骨，饿其体肤"、"三更灯火五更鸡"、"头悬梁，锥刺股"没有必然的联系。你只要对某一事业感兴趣并能长久地坚持下去，就会成功。因为上帝赋予你的时间和智慧足够你圆满地做完一件事情。后来，这位青年也获得了成功，他成了韩国某汽车公司的总裁。

有些路不能省略

每年的 9 月 3 日，秋兹都会来到南迦·帕尔巴特峰。对着巍峨的雪山，他轻轻地说道："老朋友，你还好吗？我来看你了。"

10 年前，秋兹工作的公司来了位日本工程师，名叫原野。原野爱好旅游，是个狂热的登山爱好者，他来巴基斯坦工作，主要缘于对南迦·帕尔巴特峰的神往。南迦·帕尔巴特峰位于喜马拉雅山脉西段、巴基斯坦境内，海拔 8125 米，因坡度小于珠穆朗玛峰而成为许多登山爱好者的挑战目标。

那年 9 月 3 日，经过充分的准备后，原野与秋兹来到南迦·帕尔巴特山下。湛蓝的天空下，被积雪覆盖的南迦·帕尔巴特峰闪着圣洁的光芒。秋兹在山下随时注意天气的变化，原野则一步一步地向山上攀登。

下午，情况突变，南迦·帕尔巴特峰被浓云笼罩。对讲机里传来原野的声音："现在山上下起了大雪，风很大，能见度很低，我找不到路了。"原野的声音被劲风吹得时断时续。

秋兹焦急地对他说："你赶紧下撤吧。"

"不，我再等等，已经爬了一大半了，我不能放弃。"原野答道。

感悟
ganwu

在适当的时候转身，并不代表你胆小、懦弱，而是为了能获得最终的成功而暂时妥协。

许久，原野又对秋兹说："现在风小了，雪也停了，但山上还是阴云密布，看来今天不能继续登山了。今晚我就在这儿安营扎寨，明天再登山。"

秋兹立即劝阻他："不行，如果晚上再下大雪怎么办？你赶快下山！"

原野在那边轻松地笑了："不，如果下去，明天我又要重走这段路。"

那一晚，天气奇迹般地好转，皎洁的月光倾泻而下，洁白的南迦·帕尔巴特峰在明月的映照下纯洁、安宁。原野兴奋地把山上的美景描述给秋兹听。

第二天清晨，秋兹用对讲机呼叫原野，对方却毫无反应。不久，噩耗传来，昨天晚上发生雪崩，原野不幸遇难。

秋兹有三个儿子，每个孩子的成人礼，他都会带着孩子来到南迦·帕尔巴特峰，告诉孩子："在未来成长的路途中，你需要攀登许多高山，但一定要记住，当抵达胜利的峰顶无望时，应明智地选择撤退，养精蓄锐，在下一个适宜的时候进行新一轮的冲刺。不要惋惜以前的努力需要重来，有些路是不能省略的。"

感悟 ganwu

一个人要想让自己的人生有所转机，就必须懂得在关键时刻把自己带到人生的悬崖，给自己一个悬崖其实就是给自己一片蔚蓝的天空。

把鹰带到悬崖

有一个乡下的老人在山里打柴时，捡到一只样子怪怪的小鸟，那只怪鸟和出生刚满月的小鸡一样大小，也许因为它实在太小了，还不会飞，老人就把这只怪鸟带回家给小孙子玩耍。

老人的孙子很调皮，他将怪鸟放在小鸡群里，充当母鸡的孩子，让母鸡养育着。母鸡没有发现这个异类，全权负起一个母亲的责任。

怪鸟一天天长大了，后来人们发现那只怪鸟竟是一只鹰，人们担心鹰再长大一些会吃鸡。然而人们的担心是多余的，那只一天天长大的鹰和鸡相处得很和睦，只是当鹰出于本能在天空展翅飞翔，再向地面俯冲时，鸡群出于本能会产生恐慌和骚乱。

时间久了，村里的人们对于这种鹰鸡同处的状况越来越看不惯，如果哪家丢了鸡，便首先会怀疑那只鹰，要知道鹰终归是鹰，生来是要吃鸡的。愈来愈不满的人们一致强烈要求：要么杀了这只鹰，要么将它放生，让它永远也别回来。因为和鹰相处的时间长了，这一家人自然舍不得杀它，他们决定将鹰放生，让它回归大自然。

然而他们用了许多办法都无法让那只鹰重归大自然，他们把鹰带到很远的地方放生，过不了几天那只鹰又飞回来了，他们驱赶它不让它进家门，他们甚至将它打得遍体鳞伤……许多办法试过了都不奏效。最后他们终于明白：鹰是眷恋它从小长大的家园，舍不得那个温暖舒适的窝。

后来村里的一位老人说：把鹰交给我吧，我会让它重返蓝天，永远不再回来。老人将鹰带到附近一个最陡峭的悬崖绝壁旁，然后将鹰狠狠向悬崖下的深涧扔去。那只鹰开始像石头般向下坠去，然而快要到涧底时它终于展开双翅托住了身体，开始缓缓滑翔，然后轻轻拍了拍翅膀，就飞向蔚蓝的天空，它越飞越自由舒展，这才叫真正的翱翔，蓝天才是它真正的家园啊。

它越飞越高，越飞越远，渐渐变成了一个小黑点，飞出了人们的视野，永远地飞走了，再也没有回来。

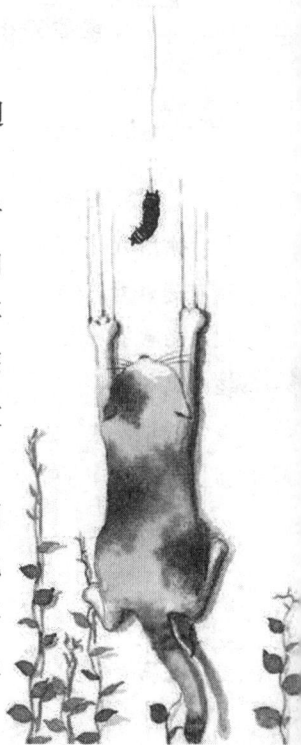

尽其所能

星期六上午，一个小男孩在他的玩具沙箱里玩耍。沙箱里有他的一些玩具小汽车、敞篷货车、塑料水桶和一把亮闪闪的塑料铲子。在松软的沙堆上修筑公路和隧道时，他在沙箱的中部发现一块巨大的岩石。

小家伙开始挖掘岩石周围的沙子，企图把它从泥沙中弄出

去。他是个很小的小男孩，而岩石却相当的大。小男孩手脚并用，似乎没有费太大的力气，岩石便被他连推带滚地弄到了沙箱的边缘。不过，这时他才发现，他无法让岩石向上滚动、翻过沙箱边墙。

小男孩下定决心，手推、肩挤、左摇右晃，一次又一次地向岩石发起冲击，可是，每当他刚刚觉得取得了一些进展的时候，岩石便滑落了，重新掉进沙箱。小男孩气得哼哼直叫，拼出吃奶的力气猛推猛挤。但是，他得到的唯一回报便是岩石再次滚落回来，砸伤了他的手指。最后，他伤心地哭了起来。这整个过程，被男孩的父亲从起居室的窗户里看得一清二楚。当泪珠滚过孩子的脸庞时，父亲来到了跟前。父亲的话温和而坚定："儿子，你为什么不用上所有的力量呢？"垂头丧气的小男孩抽泣道："但是我已经用尽全力了！我用尽了我所有的力量！""不对，儿子，"父亲亲切地纠正道，"你并没有用尽你所有的力量。你没有请求我的帮助。"父亲弯下腰，抱起岩石，将岩石搬出了沙箱。

砥砺的命运

一位铁匠收一名孤儿为徒，以打铁铸剑为生。枯燥平淡的劳作使徒儿不安分起来，他郁郁寡欢，常暗自叹息自己的苦命、卑微和永无出头之日。

师傅看出了徒儿的心思，便想法启示他。一天，师傅得一铁杆，将其断为三截，留下其中最好的那截，另两截便投入炉火中煅烧。烧至火红，钳出来，师徒二人轮番锤锻，终于打制成宝剑的雏形。虽已成形，却甚为粗劣。师傅命徒儿留下一个，将另一个又投入火中烧红，再取出锻打。这一把剑坯经再三修形后，剑身笔直挺拔，剑面平顺光滑，但仍不是一把真正的宝剑。

夜里徒儿累了先睡了，师傅把剑又细致地锤砺了大半夜。第二天徒儿醒来时，师傅交到他手上的已是一把寒光闪闪、削铁如泥的利剑。

师傅让徒儿带上宝剑、剑坯和最初截下的那段铁杵去集市卖。很快，剑坯卖出去了，得三两银子；过了一会儿，一个农夫买走了铁杵，得一两银子；而那把宝剑因为它的品质和师傅的惜售，价钱扶摇直上。徒儿顿有所悟。本是三块相同的顽铁，锤炼却改变了它们的命运和价值。

巨 魔

海底有一个瓶子，这瓶子里困着一个巨魔。那是500年前一个神仙把巨魔收服到瓶里的。

巨魔曾经许过一个愿，谁能把这个瓶子捞起来，把瓶塞打开，把他救出来，他就赠给这个人一座金山。可是，500年过去了，还没有人把这瓶子捞起来。巨魔十分气恼。他诅咒说："以后，如果谁把我救出来，我就一口把这个人吞掉。"

有一个年轻的渔夫，他撒网捕鱼，当他收网的时候，发现网里有一个古旧的瓶子，他把瓶塞打开，啊！一阵浓烈的烟雾喷出来，徐徐吐出一个比山还大的巨魔。

哈哈哈哈！

巨魔的笑声，震得海涛汹涌起来。他说："年轻人，你把我救出来，我本应谢谢你，可是，你做得太迟了，倘若你早一年把我救起，你就可以得到一座金山啦！唉，我等了500年，我太不耐烦了，我已经许了恶愿，要把救我出来的人一口吃掉！"

那青年吃了一惊，但立即镇定地说："哟，这么小小的瓶子，怎能把你盛下呀，你一定说谎，你再回到瓶子里给我看看吧！"

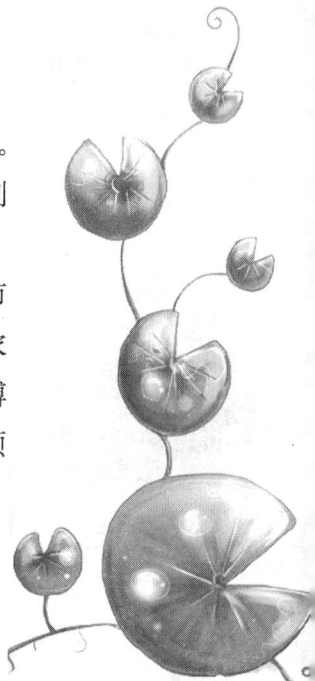

"哈哈哈哈，我不会上当的！《天方夜谭》早把这个古老的故事说过了，我如果再钻入瓶子里，你把塞子再塞上，故事不就说完了吗？"

"什么？你看过《天方夜谭》吗？你真是一个博学多才的魔鬼呀！你还看过苏格拉底的哲学著作吗？"

"哈哈！这500年我躲进瓶子里，穷读天下的经典著作，苦苦修行，莫说是西方的巨著，东方的《大学》《中庸》《论语》《孟子》我都念得熟透了。"

"啊，中国太史公的《史记》你也颇有研究吧？墨子的著作有涉猎吗？"

"别说了，经史子集无一不通！"

"不过，我想你一定没有见过《红楼梦》的手抄本，这是一部难得一见的版本呢！"

"哈哈哈，你这个小子太小觑我了，这本书的收藏者正是我呀！让我拿出来给你开开眼界吧！"

巨魔立即又化作一阵浓烟，徐徐进入瓶子里。这时候，那青年渔夫不再迟疑，连忙用瓶塞堵住了瓶子。

简单的事情重复做

一个著名的推销大师，即将告别他的推销生涯，应行业协会和社会各界的邀请，他将在该城中最大的体育馆，作告别职业生涯的演说。

那天，会场座无虚席，人们在热切地、焦急地等待着那位当代最伟大的推销员作精彩的演讲。当大幕徐徐拉开，舞台的正中央吊着一个巨大的铁球。为了这个铁球，台上搭起了高大的铁架。

一位老者在人们热烈的掌声中，走了出来，站在铁架的一边。他穿着一件红色的运动服，脚下是一双白色胶鞋。

人们惊奇地望着他，不知道他要做出什么举动。

这时两位工作人员，抬着一个大铁锤，放在老者的面前。主持人这时对观众讲：请两位身体强壮的人到台上来。好多年轻人站起来，转眼间已有两名动作快的跑到台上。

老人这时开口和他们讲规则，请他们用这个大铁锤去敲打那个吊着的铁球，直到把它荡起来。

一个年轻人抢着拿起铁锤，拉开架势，抡起大锤，全力向那吊着的铁球砸去，一声震耳的响声，那吊球动也没动。他就用大铁锤接二连三地砸向吊球，很快他就气喘吁吁。

另一个人也不示弱，接过大铁锤把吊球打得叮当响，可是铁球仍旧一动不动。

台下逐渐没了呐喊声，观众好像认定那是没用的，就等着老人作出什么解释。

会场恢复了平静，老人从上衣口袋里掏出一个小锤，然后认真地面对着那个巨大的铁球。他用小锤对着铁球"咚"敲了一下，然后停顿一下，再一次用小锤"咚"敲了一下。人们奇怪地看着老人就那样"咚"敲一下，然后停顿一下这样持续地做。

10分钟过去了，20分钟过去了，会场早已开始骚动，有的人干脆叫骂起来，人们用各种声音和动作发泄着他们的不满。老人仍然一敲一停地工作着，他好像根本没有听见人们在喊叫什么。人们开始愤然离去，会场上出现了大块大块的空缺。留下来的人们好像也喊累了，会场渐渐地安静下来。

大概在老人进行到40分钟的时候，坐在前面的一个妇女突然尖叫一声："球动了！"

霎时间会场鸦雀无声，人们聚精会神地看着那个铁球。

那球以很小的幅度动了起来，不仔细看很难察觉。

老人仍旧一小锤一小锤地敲着，人们好像都听到了那小锤

敲打吊球的声响。吊球在老人一锤一锤的敲打中越荡越高，它拉动着那个铁架子"哐、哐"作响，它的巨大威力强烈地震撼着在场的每一个人。

终于场上爆发出一阵阵热烈的掌声，在掌声中，老人转过身来，慢慢地把那把小锤揣进兜里。

两个饥饿的人

感悟
ganwu

一个人只顾眼前的利益，得到的终将是短暂的欢愉；一个人目标高远，但也要面对现实的生活。只有把理想和现实有机结合起来，才有可能成为一个成功之人。

从前，有两个饥饿的人得到了一位长者的恩赐：一根鱼竿和一篓鲜活硕大的鱼。其中一个人要了一篓鱼，另一个人要了一根鱼竿，于是他们分道扬镳了。得到鱼的人原地就用干柴搭起篝火煮起了鱼，他狼吞虎咽，还没有品出鱼的肉香，转瞬间，连鱼带汤就被他就吃了个精光。不久，他便饿死在空空的鱼篓旁。

另一个人则提着鱼竿继续忍饥挨饿，一步步艰难地向海边走去，可当他已经看到不远处那片蔚蓝色的海洋时，最后一点力气也使完了，只能眼巴巴地带着无尽的遗憾撒手人寰。

又有两个饥饿的人，他们同样得到了长者恩赐的一根鱼竿和一篓鱼。只是他们并没有各奔东西，而是商定共同去找寻大海，他俩每次只煮一条鱼。经过长途跋涉，他们来到了海边，从此，两人开始了以捕鱼为生的日子。几年后，他们盖起了房子，有了各自的家庭、子女，有了自己建造的渔船，过上了幸福安康的生活。

相信自己

有一位顶尖的杂技高手，一次他参加了一个极具挑战性的演出，这次演出的内容是在两座山之间的悬崖上架一条钢丝，而他的表演节目是从钢丝的这边走到另一边。

演出就要开始了，整座山聚满了观众，当中有记者、主办单位、赞助商和看热闹的人群。这时，只见杂技高手走到悬在山上的钢丝一头，然后用眼睛注视着前方的目标，并伸开双臂，一步、二步、三步……慢慢地杂技高手终于顺利地走了过去，这时，整座山响起了热烈的掌声和欢呼声。

"我要再表演一次，这次我要绑住我的双手走到另一边，你们认为我可以做到吗？"杂技高手对所有的人说。我们知道走钢丝靠的是双手的平衡，而他竟然要把双手绑上。但是，因为大家都想知道结果，所以都说："我们相信你，你是最棒的！"杂技高手真的用绳子绑住了双手，然后用同样的方式一步、两步……终于又走了过去。"太棒了，太不可思议了！"所有的人都报以热烈的掌声。但没想到的是杂技高手又对所有的人说："我再表演一次，这次我同样绑住双手，然后把眼睛蒙上，你们相信我可以走过去吗？"所有的人都说："我们相信你！你是最棒的！你一定可以做到的！"

杂技高手从身上拿出一块黑布蒙住了眼睛，用脚慢慢地摸索到钢丝，然后一步一步地往前走，所有的人都屏住呼吸为他捏一把汗。终于，他走过去了！掌声雷动！"你真棒！你是最棒的！你是世界第一！"所有的人都在呐喊着。

表演好像还没有结束，只见杂技高手从人群中找到一个孩子，然后对所有的人说："这是我的儿子，我要把他放到我的肩膀上，我同样还是绑住双手蒙住眼睛走到钢丝的另一边，你们相信我吗？"所有的人都说："我们相信你！你是最棒的！你

一定可以走过去的!"

"真的相信我吗?"杂技高手问道。

"相信你! 真的相信你!"所有的人都说。

"我再问一次,你们真的相信我吗?"

"相信! 绝对相信你! 你是最棒的!"所有的观众大声回答。

"那好, 既然你们都相信我, 那我把我的儿子放下来, 换上你们的孩子, 有愿意的吗?"杂技高手说。

这时, 整座山鸦雀无声, 再也没有人敢说相信了。

在我们现实生活中, 许多人都会说:我相信我自己, 我是最棒的! 当我们在喊这些口号时, 我们是否真的相信自己? 我们会不会一出门后或遇到一点困难就忘掉刚才所喊的这句话呢? 只有真的相信自己, 才能让别人相信你。

贼

感悟 ganwu

人活着要争气, 不要泄气, 把挫折当成阶梯, 努力不懈, 最后一定能实现理想, 完成心愿。你相信吗? 没有人能羞辱、打败你, 除了你自己。

有一位青年画家, 在还没成名前, 住在一间狭窄的小房子里, 靠画人像为生。一天, 一个富人经过, 看他的画工细致, 很喜欢, 便请他帮忙画一幅人像。双方约好酬金是1万元。

一个星期后, 人像完成了, 富人依约前来拿画。这时富人心里起了歹念, 欺他年轻又未成名, 不肯按照原先的约定付给酬金。富人心中想着:"画中的人像是我, 这幅画如果我不买, 那么, 绝没有人会买。我又何必花那么多钱来买呢?"

于是富人赖账, 他说只愿花3 000元买这幅画。青年画家怔住了, 他从来没碰到过这种事, 心里有点慌, 费了许多唇舌, 向富人据理力争, 希望富人能遵守约定, 做个有信用的人。"我只能花3 000元买这幅画, 你别再啰唆了。"富人认为他居上风, "最后, 我问你一句:3 000元, 卖不卖?"

青年画家知道富人故意赖账, 心中愤愤不平, 他以坚定的语气说："不卖。我宁可不卖这幅画，也不愿受你的羞辱。今天你失信毁约，将来一定要你付出 20 倍的代价。""笑话，20倍，是 20 万耶！我才不会笨得花 20 万买这幅画。""那么，我们等着瞧好了。"青年画家对悻悻然离去的富人说。

经过这一事件的刺激后，画家搬离了那个伤心地，重新拜师学艺，日夜苦练。皇天不负苦心人，十几年后，他终于闯出了一片天地，在艺术界成为一位知名的人物。那个富人呢？自从离开画室后，第二天就把画家的画和话淡忘了。

直到那一天，富人的好几位朋友不约而同地来告诉他："朋友！有一件事好奇怪喔！这些天我们去参观一位成名艺术家的画展，其中有一幅画，画中的人物跟你长得一模一样，标价 20 万。好笑的是，这幅画的标题竟然是——《贼》。"

好像被人当头打了一棍，富人想起了 10 多年前画家的事。这件事对自己的伤害太大了，他立刻连夜赶去找青年画家，向他道歉，并且花了 20 万买回那幅人像画。青年凭着一股不服输的志气，让富人低了头。

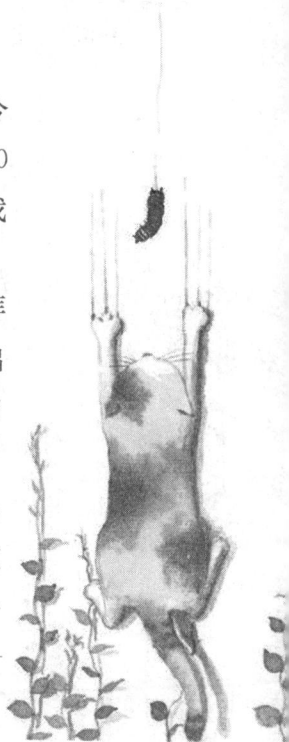

信任是一双希望的手

布鲁姆是小镇上出名的地痞，整日游手好闲，酗酒闹事，人们见到他唯恐躲避不及。

一天，他醉酒后失手打死了前来上门讨债的债主，被判刑入狱。入狱后的布鲁姆幡然悔悟，对以往的言行深深感到懊悔。

一次，他成功地协助监狱制止了一次犯人的集体越狱出逃，获得减刑的机会。布鲁姆从监狱中出来后，回到小镇上重新做人。

他先是找地方打工赚钱，结果都被拒绝。这些老板全部遭

受过布鲁姆的敲诈，谁也不要他这种人。

食不果腹的布鲁姆又来到亲朋好友家借钱，遭到的都是一双双不相信的眼光，他那颗刚充满希望的心，开始滑向失望的边缘。

这时，镇长听说了，就取出了100美元，递给布鲁姆，布鲁姆接钱时没有显出过分的激动，他平静地看了镇长一眼后，消失在镇口的小路上。数年后，布鲁姆从外地归来。他靠100美元起家，奋力拼搏，终于成了一个腰缠万贯的富翁，不仅还清了亲朋好友的旧账，还领回来一个漂亮的妻子。

他来到了镇长的家，恭恭敬敬地捧上了200美元，然后说道："谢谢您！"事后，费解的人们问镇长，当初为什么相信布鲁姆日后能够还上100美元，他可是出了名的借款不还的地痞。镇长笑了笑，说："我从他借钱的眼神中，相信他不会欺骗我，我那样做是让他感受到社会和生活不会对他冷酷和遗弃。"一个即将走向极端的人，被镇长拯救了过来。

心中的顽石

感悟 gǎnwù

阻碍我们去发现、去创造的，仅仅是我们心理上的障碍和思想中的顽石。你抱着下坡的想法爬山，便无法爬上山去。如果你已经作好了攀登世界最高峰的准备，就会发现其实你所做的事情没那么难。

从前有一户人家的菜园里摆着一块大石头，宽度大约有四十公分，高度有十公分。到菜园的人，不小心就会踢到那一块大石头，不是跌倒就是擦伤。儿子问："爸爸，那块讨厌的石头，为什么不把它挖走？"爸爸这么回答："你说那块石头吗？从你爷爷那个时代，就一直放到现在了，它的体积那么大，不知道要挖到什么时候。与其没事无聊挖石头，不如走路小心一点，还可以训练你的反应能力。"又过了几年，这块大石头留到了下一代，当时的儿子娶了媳妇，当了爸爸。

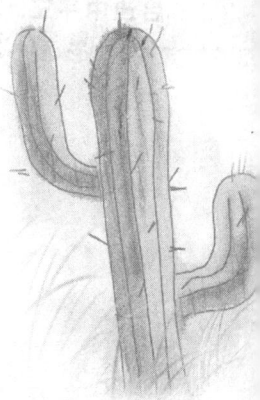

有一天，儿媳妇气愤地说："爸爸，菜园那块大石头，我越看越不顺眼，改天请人搬走好了。"爸爸回答说："算了吧！那块大石头很重的。如果可以搬走的话，在我小时候就搬走了，哪儿会让它留到现在啊！"

儿媳妇心里非常不是滋味，那块大石头不知道让她跌倒多少次了。

有一天早上，儿媳妇带着锄头和一桶水，将整桶水倒在大石头的四周。

十几分钟以后，儿媳妇用锄头把大石头四周的泥土刨松。

儿媳妇早有心理准备，这么大的石头可能要挖一天吧，却没想到只用了几分钟就把石头挖起来了。看看大小，这块石头并没有想像的那么大，之前大家都被那个石头的外表蒙骗了。

商人的墓地

有一位商人，他是子承父业做珠宝生意的，可是他缺乏父亲对珠宝行业的明察秋毫，没几年，他就把父亲交给他的珠宝店赔了进去。

他以为自己不是缺乏经商的才干，而是珠宝行业投资大，技术性太强，风险太大。他决定改行做服装生意。他认为服装行业周期短，而且不需要太大的专业学问，肯定能成功。于是，他变卖了仅有的一些家产，开了一家服装店。过了3年，他的服装店已经再也没有资金进新款衣服，已有的衣服也因价格高于相邻商家而无人问津。

他失败了。他感觉到自己不适合于更新太快的服装市场。

感悟
ganwu

在很多时候，机遇就在生命的前方等待着，关键是看你能不能耐心地等待和发现。

当他以为一种新款刚开始流行自己马上筹集资金进货时，同行们的这种款式已经开始淘汰了，他总是跟随流行的尾巴。

于时，他变卖了服装店，用剩余不多的资金开了一家饭店。他想，这种简单的生意总不会再失败了吧。可是，他又错了。他眼睁睁地看着别的饭店里宾客盈门，而自己的却门可罗雀。最后，连雇来的几个人也辞职不干了，只剩下他孤零零的一个人。

后来，他又尝试各种生意，都无一例外地失败了。这个时候，他已经50多岁了。从父亲交给他珠宝店至今，25年的宝贵年华被失败占得满满的。他盘算了自己的家底，所有的钱仅仅够买一块离城很远的墓地。

他彻底绝望了。既然自己没有能力创造财富了，就买块墓地给自己留着，等到哪一天一命归西，也算有个归宿。

这是一块极其荒僻的土地，离城有5千米。有钱的人，甚至一些穷人也不买这样的墓地。可是奇迹发生了，就在他办完这块墓地产权手续的第15天，这座城市公布了一项建设环城高速路的规划，他的墓地恰恰处在环城路内侧，紧靠一个十字路口。道路两旁的土地一夜之间身价倍增，他的这块墓地更是涨了好多倍。他做梦也没想到他靠这块墓地发财了。

他突然顿悟，自己为何不做房地产生意呢？说做就做。他卖了这块墓地，又购买了一些他认为有升值潜力的土地。仅仅过了5年，他成了全城最大的房地产业主。

第②章

珍惜健康——体验人生百味

健康是我们最好的朋友，时刻不能分离。

当我们高烧不退，躺在病床上呻吟的时候，我们想，健康，多好啊。

当我们心理出现问题，烦闷、狂躁、孤独，甚至抑郁的时候，我们想，健康，多好啊。

一旦我们的身体变得生机勃勃，我们的心理也不再阴郁，当健康重新回到我们身上，我们却又往往忽视了它的存在。一些危害健康的做法又悄悄抬头。

健康需要锻炼，健康需要心态，健康需要珍惜。

有时候我们因为年轻，便不惧怕任何的伤害，殊不知，一些不可逆的伤害会影响我们一生。

有时候，我们毫不警惕，在不经意间损害了自己的健康，却一无所知。

有时候，我们的心理出现了一些异常，而我们自己却从未觉察。

关注健康，珍惜健康，其实就是珍惜自我，珍惜生命！

· 山鸡起舞 ·

　　山鸡天生丽质，浑身都披着五颜六色的羽毛，在阳光的照耀下光彩夺目，叫人赞叹不已。山鸡也很为这身美丽的羽毛自豪，非常地爱惜自己的容貌。它在山间漫步的时候，只要来到溪水边，瞧见水中的影子，它就会翩翩起舞，一边跳舞一边骄傲地欣赏水中自己那绝世无双的舞姿。

　　三国时，一代枭雄曹操在北方当政的时候，有人从南方献给他这样一只山鸡。曹操十分高兴，便召来了有名的乐工，奏起动听的曲子，好让山鸡闻歌起舞。乐工卖力地又吹又打，可是山鸡却一点都不买账，充耳不闻，既不唱也不跳。曹操又命令侍从们拿来美味的食物放在山鸡面前，山鸡连看都不看，无精打采地耷拉着脑袋走来走去。就这样，大家想尽了办法，使尽了手段，始终都没办法逗得山鸡起舞。

　　曹操非常扫兴，气恼不已，便斥责手下人说："你们这么多人，连一只山鸡都对付不了，还怎么治理国家，建功立业！"

　　曹操有一位十分钟爱的小儿子，名叫曹冲。曹冲自幼聪明伶俐，博览群书、见识渊博。这时候，他动了动脑子，有了主意，于是就走上前对曹操说："父王，儿臣听说山鸡一向为自己的羽毛感到骄傲，所以一见到水中有自己的倒影，就会跳起舞来欣赏自己的美丽。何不叫人搬一面大镜子来放在山鸡面前，这样山鸡顾影自怜，就会跳起舞来了。"

　　曹操听了拍手称妙，马上叫人将府邸中最大的镜子抬过来，放在山鸡面前。

　　山鸡慢悠悠地踱到镜子跟前，一眼看到了自己无与伦比的丽影，比在水中看到的还要清晰得多。它先是拍打着翅膀冲着镜子里的自己激动地叫了半天，然后就扭动身体，舒展步伐，翩翩起舞了。

山鸡迷人的舞姿让曹操看得呆了，连连击掌，赞叹不已，也忘了叫人把镜子抬走。

可怜的山鸡，对影自赏，不知疲倦，无休无止地在镜子前拼命地又唱又跳。最后，它终于耗尽了最后一点力气，倒在地上死去了。

·平和的心·

金字塔的建造者，不会是奴隶，应该是一批欢快的自由人！第一个作出这种预言的，是瑞士著名的钟表匠塔·布克。1560年，他在埃及的金字塔游历时，作出了这个震惊世界的预言。

2003年，埃及最高文物委员会宣布，通过对吉萨附近近600处墓葬的发掘考证发现，金字塔是由当地具有自由身份的农民和手工业者建造的，而非希罗多德在《历史》中所记载的那样，金字塔由300 000奴隶建造。

为什么在400年前，一个钟表匠就一眼看出，金字塔是自由人建造的呢？自埃及考古工作者证实了布克的判断后，埃及国家博物馆馆长多玛斯便对这位钟表匠产生了兴趣。他想知道这个人到底是凭什么作出大胆的预言的。

为了搞清这个问题，他开始搜集布克的有关资料。最后，他发现布克是根据钟表的制造，预知那个结果的。

布克原是法国的一名天主教教徒。1536年，因反对罗马教廷的死气沉沉的教规，被捕入狱。由于他是一位制表大师，入狱后被安排制作钟表。在那个失去自由的地方，他发现无论狱方采取什么高压手段，都不能使他们制作出日误差低于1/10秒的钟表。可是，入狱前的情形却不是这样。那时，他们在自己的作坊里，都能使钟表的误差低于1/100秒。

为什么会出现这种情况？起初，布克把它归结为制造的环

境，后来，他们越狱逃往日内瓦，才发现真正影响钟准确度的不是环境，而是制作钟表时的心情。

他之所以得出金字塔的建造者是自由人的结论，就是基于他对钟表制作深刻的认识。埃及国家博物馆馆长多玛斯在塔·布克的史料中发现了这么两段话：

一个钟表匠在不满和愤懑中，要想圆满地完成制作钟表的1 200道工序，是不可能的；在对抗和憎恨中，要精确地磨锉出一块钟表所需要的254个零件，更是比登天还难。

"金字塔这么大的工程，被建造得那么精细，各个环节被衔接得那么天衣无缝，建造者必定是一批怀有虔诚之心的自由人。很难想象，一群有懈怠行为和对抗思想的人，能让金字塔的巨石之间连一片刀片都插不进去。"

丢斧头

感悟
ganwu

从心理学上来看，一个人有了疑心病以后，什么事情都看不顺眼，只有祛除了原来的心理障碍，一切才会恢复正常。没有健康的心理，就不会有健康的生活。

有个人丢掉了一把斧头，到处都找不到，也不知道是上山砍柴时忘了拿回来呢，还是放在家里被偷了。

这一天，一大早起来，他就开始找他的斧头。他翻遍了家里的橱子、柜子，就是找不到那把斧头。他左思右想，还是想不出斧头掉到哪里去了。忽然一抬头，他看见邻居家的孩子阿毛，鬼鬼祟祟地从面前闪过，好像还红着脸。

"奇怪！以前阿毛不是这样的啊。"他想，"以前碰到我，阿毛总是会喊声'叔叔早'，今天怎么连个招呼也不打，就悄悄地躲开了呢？"

他冥思苦想了好一阵子，忽然好像找到了答案似的："对了，会不会是阿毛偷了我的斧头？阿毛平常挺老实的呀，偷我的斧子干什么呢？可是要是不是他，他为什么要躲开呢？一定是他！"

于是，他立刻赶出门外，叫住阿毛："喂，阿毛！"

"呃，叔叔，你叫我？什么，什么事啊？"

"阿毛，叔叔丢了一把斧头，你有没有看到啊？"

"叔叔，什么斧头啊？"阿毛的脸果真红扑扑的。

"就是叔叔每次上山砍柴，都要带的那把斧头啊！前几天叔叔出门时你还说'好锋利啊'的那把斧头。"

"前几天？叔叔，前几天我看你带着它出门来着，可是你回来的时候，我却……却没有看到啊。"阿毛很小心地回答，好像怕说错话似的。

他看着阿毛讲话的样子，生生涩涩的，心想估计就是阿毛。可是他又没有什么证据，只好让阿毛走了。

过了两三天，斧头还是没找到，他只好带了另一把斧头上山砍柴。砍了一个上午的木柴，他刚想休息，突然发现草丛里一亮一亮的。他走过去一看，那不就是他丢的那把斧头吗！旁边的树正是他前几天刚刚砍过的。

他高高兴兴地带着两把斧头往家走。快走到家门口时，看见阿毛站在门口，看到了他，高兴地说："叔叔，今天怎么回来得这么早啊——咦？叔叔今天还带了两把斧头啊。"

他很不好意思地摸了摸阿毛的头，涨红着脸说不出话来。

从此以后，他再看到阿毛，就觉得阿毛的一举一动一点儿也不像是会偷斧头的样子了。

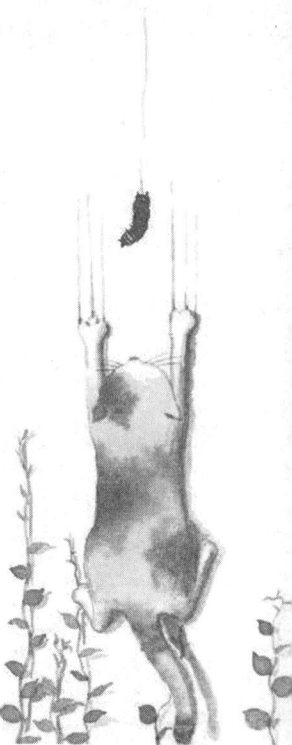

"游回"的罗斯福

美国历史上唯一连任四届总统的杰出领袖罗斯福，他少年时期的家位于纽约市郊海德公园的哈得孙河畔。这里有田野、森林、丘陵、河流……是孩子们的乐园。罗斯福常和小伙伴们在田野、森林里游玩，夏天在河里划船、游泳、钓鱼，冬天在河里坐冰船，尤其爱好游泳。

罗斯福14岁进入格罗顿学校。这个学校非常重视体

感悟
gǎnwù

人们常说生命在于运动，罗斯福通过锻炼重新获得健康的身体，更重要的是他获得了战胜困难的体魄和坚强的灵魂。

育，对一个人的评价，关键是看体育本领而不是学习成绩。他擅长的网球和高尔夫球，人们看不起，因为吃香的是美式足球、棒球、赛艇一类的项目，而他身材太瘦小了，为此他深感遗憾。

罗斯福在格罗顿学校期间，为了适应这儿新的环境和证明自己的爱校精神，春夏常常参加游泳比赛，也参加划船、垒球、足球、曲棍球、高尔夫球，冬季则参加滑雪、坐雪橇等。

1900年9月，罗斯福进了美国有名的哈佛大学。他想大干一番，却无法出人头地；于是当上了《校旗报》编辑、主编等职务，把精力投向社交方面，但也不忘游泳。

1921年夏天，39岁的罗斯福在坎波贝洛休假期间，不幸患了脊髓灰质炎症。

这种疾病使罗斯福瘫痪，他一面治疗，一面加强体育锻炼，这样治疗的效果很明显。通过体育运动恢复他肌肉的功能。罗斯福非常自信地说："我不相信这个娃娃病能够打倒我一个堂堂男子汉，我要战胜它……"病情稍有好转，他便在病床上活动手脚，和儿子角力，做游戏。他每天借助挂在病床边的机械进行各种力量练习。然后下床拄着拐杖练习走路，每天增加几步。1922年他回百老汇的信托公司去上班时，因拐杖失去控制，摔了个四脚朝天，爬起来继续前进，这种坚忍不拔的毅力，得到了周围人们的敬佩。

一位叫洛维特的医生建议：用游泳来治疗他的疾病。罗斯福决定按照大夫的意见试一试。当他第一次下水时，四肢感到舒服，十分兴奋，因此天天进行游泳治疗。后来，同事介绍他到亚特兰大附近的温泉治疗。他来到这里，不用撑拐，也能在水中站立，慢慢地走动。1925年夏天，他丢去拐杖，开始缓慢地行走。当时的报刊用显眼的大字标题"游回健康"来报道他战胜疾病的事迹。

游泳治好了罗斯福的疾病，他深感游泳的好处，他想让更多的患者来这里治疗，便把温泉买了下来，创建新的游泳池，改善治疗条件，并建立宿舍、餐厅，为人们提供方便。他还充当"医生"，现身说法，指导病人治疗和身体锻炼，深得患者和社会的好评。

罗斯福任总统后，仍然坚持游泳，还在炎热的夏天打高尔夫球，一天能够活动 45 分钟；他还喜欢跳过一排排的椅子。运动使他身材仍然健硕英俊，容貌不减当年。耶鲁大学著名教练沃尔特·坎普说，罗斯福"体形优美，像一个运动员那样肌肉发达"。显然，这是跟他酷爱游泳分不开的。

霍金与健康

2002 年 8 月，在轮椅上坐了 30 多年的天体物理学家霍金来到了中国。这个 60 岁的老人不能写字不能说话，他左手放在胸前，右手却始终掌握着他那轮椅上的按钮，这是他的运动神经中枢。

曾经一个记者问他："霍金，你认为你本人幸运吗?"霍金平静地答道："我在各方面都非常幸运，除了患'运动神经元症'之外。就是这个病对我也不是多么重大的打击。患此症仍能成功，我感到满意。我现在真的比发病之前的那个我远为快乐。我无法说它是一项恩典，但已经够幸运了：它并没有比预计的更坏。"

坐在轮椅上的霍金这样回忆 21 岁以前的生活：

"我出生于 1942 年 1 月 8 日，刚好是伽利略逝世 300 周年的同一天。然而，我估计了一下，大约有 20 万个婴儿在同一天诞生，不知道其中有没有后来对天文学感兴趣的人。我上学时，牛津物理课程的安排，使得大学很容易逃避用功，我爱逃学。我有一次计算过，在牛津的 3 年中，我也就是平均每天学习 1 小时。我和大部分同学有着共同的态度：一种百无聊赖的

心态，而且觉得没有任何事情值得争取。那时我已经有了牛津的学位，进剑桥为的是跟自己喜欢的老师研究宇宙。1962年春天的一个下午，我发现系鞋带这件事竟变得非常困难了。到底发生了什么，我的上帝？21岁的生日过后，我去了医院，医生的检查结果是：ALS病。全称是肌肉萎缩性侧面硬化病，英国人也叫'运动神经细胞病'。书本里说，这种病引起神经细胞逐渐瓦解，这些神经细胞位于脊柱和头脑内以控制随意肌肉的活动，但头脑思维不受影响。通常呼吸肌肉失效，导致肺炎或窒息而死。医生告诉我：'这是无法治愈而且是致命的病，你只能再活两年。'我绝望了。我怎么会那么倒霉呢？怎么这种病会发生在我身上呢？我估计，自己活不到完成博士论文，所以看来做研究已没有什么意义。接下来的几个月，我非常沮丧。"

后来，他坐在了轮椅上，他逐渐接受了事实。再后来，他的生活发生了戏剧性的变化，他调侃道："你们知道吗？我的轮椅压到了王子的脚指头。"真有其事，霍金被选为皇家学会会员，并且是最年轻的会员。查理王子邀请一群学会里的青年才俊欢聚伦敦。霍金也去了，并且喜欢旋转这个轮椅来炫耀，查理王子喜欢这个杂技动作。"结果，我的轮椅旋转时，压到查理王子的脚指头。"幽默的他说，"我希望王子的脚指头依然无恙。我的很多知心朋友，都有被我的轮椅压过的经验。"

· 钉　子 ·

有一个小男孩的脾气很坏，于是他的父亲就给了他一袋钉子，并且告诉他，每当他发脾气的时候就钉一颗钉子在后院的围篱上。

第一天，男孩近乎疯狂地钉下了37颗钉子。

第二天，小男孩钉下了30颗钉子。

十几天之后，慢慢地小男孩每天钉的数量减少了。他发现控制自己的脾气要比钉下那些钉子容易得多。每天，他都会比较有耐心地面对生活中的一些事情。

终于有一天，这个男孩再也不会失去耐性乱发脾气了。于是，他把这件事告诉他的父亲，父亲很高兴。父亲告诉他，从现在开始，每当他能控制自己脾气的时候，就拔出一颗钉子。

一天天地过去了，小男孩逐渐学会了控制自己的情绪。最后小男孩告诉他的父亲，他终于把所有钉子都拔出来了。

父亲握着他的手来到后院，亲切地说："你做得很好，我的好孩子。但是看看那些围篱上的洞，这些围篱将永远不能恢复到从前的样子。你生气的时候说的话将像这些钉子一样会在别人的心里留下疤痕。如果你拿刀子捅别人一刀，不管你说了多少次对不起，那个伤口将永远存在。话语的伤痛就像真实的伤痛一样，令人无法承受。"

向外行人问病

秦武王的颧骨上生了一个瘤，这个瘤正好长在耳朵前面、眼睛下面，秦武王感到痛苦不堪，便命人找最好的医生扁鹊来治病。扁鹊仔细地为他把脉，检查了他的毒瘤，对秦武王说："您的瘤虽然长在颧骨上，长的位置十分敏感，但凭我的医术应该不会有大碍，明天我就带手术刀来为您割除。"

扁鹊走了以后，秦武王十分担心，便询问大臣的意见。

有的大臣说："这个瘤长在骨头上，扁鹊如何单凭把脉就会知道呢？莫非他有什么不轨的企图？"

有的大臣说："是呀！是呀！这个瘤长在耳朵前面、眼睛下边，很容易把大王的眼睛刺瞎、耳朵搞聋。"

有的大臣说："即使不存在什么企图，一不小心，也会伤

39

到眼睛和耳朵，到时候耳不聪、目不明，如何治理国事呢？"

有的大臣说："以大王的福德，天下无人能比，这毒瘤说不定会自然而然地消失呀！"

大家你一言我一语的，说得秦武王非常不安。

第二天，扁鹊带来了看病的用具，秦武王一见到扁鹊就说："你不用帮我割除这个瘤了。"

扁鹊说："您如此疼痛，为什么突然不肯治疗呢？"

秦武王就把昨天大臣的话对扁鹊说明，然后说："我想想也有道理，万一为了一个瘤而伤了耳目，岂不是得不偿失？"

扁鹊听罢，非常生气地把刀针石药都丢在地上，说："您和内行人商量好的事情，就应该由内行人决定成败；却听信一些外行人胡说八道，你的耳目真坏了，谁来负责呢？"

扁鹊生气地走了。

不久之后，秦武王的毒瘤扩散，眼睛瞎了，耳朵聋了，也送掉了性命。

毛泽东被"逼"锻炼

感悟
ganwu

身体是革命的本钱。没有健康的身体就不能安心地工作，不能顺利地学习，不能随心做自己喜欢的事。锻炼身体、强健体魄，爱护自己的健康，从现在开始。

日理万机的毛泽东，每天政务繁忙，而稍有闲暇，便手不释卷。毛泽东有个习惯，就是倚在床上读书。工作、读书，读书、工作，毛泽东的每一天除了工作就是读书，一点运动都没有，这样对身体健康极其不利。为了让毛泽东适当地进行体育锻炼，负责他健康的医疗保健人员，便想方设法琢磨几项适当的运动，哪怕是让毛泽东能伸展一下四肢，也能调节一下成天绷得紧紧的神经。

在工作人员的"开导"下，毛泽东同意散散步，每个周末到"春耦斋"跳跳舞。但他散步一般不出"丰泽园"小院的范围，跳舞也不能保证每次必到。大家觉得这样下去不行，这么小的运动量，不能达到锻炼身体的目的，必须另寻其他办法。

想来想去，工作人员想出了让毛泽东打乒乓球。于是毛泽东身边的人在"丰泽园"布置了一个乒乓球室，拉毛泽东去打乒乓球。可毛泽东对打乒乓球兴致不高，每次动员他打球，要费好大的劲，才能让他进乒乓球室。

　　只要把毛泽东拉进乒乓球室，他还是能够打两下的。毛泽东横握球拍，动作如初学者一样有些笨拙。无论是高球、低球、正向来、侧面来，他都以一种姿势阻挡回去，后来熟练些了，就能把球推到对方的左右两边，让对手疲于奔波。每当这时，毛泽东也会像孩子一样喜形于色，幽默地说："杀你个顾头不顾尾！杀你个顾左不顾右！"

　　但毛泽东年纪大了，不可能像年轻人那般灵活敏捷、动作协调。所以身边的人和他打球虽然尽量给他容易接的球，但仍不免提心吊胆，怕他不小心跌倒、闪着或磕碰着。数日之后，工作人员便不再积极地拉毛泽东打乒乓球了。

　　还有没有好的锻炼身体的办法呢？想来想去，大家觉得游泳是比较好的锻炼形式。人们都知道，毛泽东曾搏击长江，畅游北戴河。但其实不知，毛泽东最初游泳时也是费了很大周折的。

　　为了让毛泽东游泳，必须有个说客，让毛泽东接受这一锻炼形式。工作人员在充分研究之后，决定由毛泽东的保健医生去当勇敢的说客。

　　一天，保健医生和毛泽东散步时，拐弯抹角地试探着问毛泽东："主席您说，地球上的生命起源于哪里？"此话一出，毛泽东非常警觉地反问医生："你想干什么？"医生说："谈自然科学的时候不能总是您考别人，也应该让别人提点问题呀。您说是吗？"毛泽东看了看保健医生回答道："起源于大海。"医生又问："生命的最佳运动是什么？""散步，散步是最好的运动方式，人们不是常说，饭后百步走，人活九十九嘛！"毛泽东边走边说道。"不对。"毛泽东听到医生的话，停下了脚步，

扭过头问道："那你说什么样的运动方式最好啊？"医生很认真地说："是游泳。"这圈子兜得可够大的。毛泽东似乎在感悟着医生的话，向前慢慢地走了几步之后，毛泽东说话了："游泳，游泳，好啊！我就去游泳。"

健康与完美

在好朋友晓玲的美容院碰见一位来做美容的女孩。

女孩年龄不大，不到 20，是拉二胡的，最近参加了一次比赛并且拿了大奖，这次化妆是因为要接受一些媒体的采访。

女孩平日很少化妆，所以一点淡妆的她看上去很漂亮。但她的气色很不好，可能因为平日太刻苦，睡眠不足，脸色有些苍白。然而她坚持不肯用腮红，觉得俗气。化妆的小姐无奈，打算依她。

晓玲走过来，温和地望着女孩："你是我的顾客，我要对这里完成的作品负责，就像你要奏好每一首曲子。你可能觉得腮红俗气，但我比你更了解上镜的效果———腮红是为了平衡调节整体妆容的效果，它本身并不庸俗，用得不好才俗气。你既是上电视、上报纸，就要对自己的形象负责，是吗？你一定不希望自己看起来是苍白的病态，我想喜欢你的听众也希望看到一个健康美丽的你。完美，它不是孤立的。试试好吗？"

女孩听了晓玲的话，不做声了。小玲依据她的脸形为她薄施腮红，化完妆的她非常漂亮。女孩看看镜中，有点诧异，那抹腮红涂红了她的青春本色啊。那次上镜，很多人都对她留下了深刻印象。

后来她和晓玲成了朋友。

女孩告诉晓玲，这抹腮红甚至影响了她对人生的看法。她有一个不算幸福的家庭，学了二胡之后，她便一心埋在琴艺中追求技法的完美，为此忽略了友情、爱情，以及一些琐碎的人

感 悟
ganwu

生活的完美往往是由许多看上去不够完美的东西组成的。正是这些看似不完美的东西使得完美有了健康的生命力。一个开放、健康的完美才是我们真正的目标。

生乐趣。她认为那会消耗她对艺术的追求，而且和高雅的音乐比起来，那些都如一抹腮红般俗气。

女孩在琴艺中独自修炼着"完美"。她一直将自己封闭得很深，很少与人交往。旁人在她眼中，总有着这样那样的缺陷。那天晓玲的一番话却令她重新审视"完美"：完美不是曲高和寡，它是生活的丰富。

·要　求·

大龙和一个极愚笨的人由于意外的原因，同时得到了命运之神的宠幸。命运之神说：我给你们每人一次中巨额奖金的机会，有花不完的金钱。

大龙还不满足，提出了额外的要求：我比那笨人有更多的理性、更高的智力，我应该在最后比他富有。命运之神爽快地答应了大龙的要求。

愚笨的人果然发了横财，他漫游世界，宝马香车、高档红酒，在曼联的主场包了个贵宾席位，在巴黎的星级宾馆里备受尊敬，如此而已。中年以后，穷极无聊，成为赌场的常客。当钱所剩不多时，寿终正寝，结束了庸俗的一生。

大龙在死之前一天中了五千万美元的六合彩。命运之神满足了他的要求。

大龙第二次和一个极愚笨的人得到命运之神的宠幸，他再加上额外的要求：我要和那愚笨的人同样在年轻时富有，而且应该在最后比他富有。命运之神让他收回请求，可是人龙执意不肯，命运之神悲伤地答应了他。

两个人同一天有了一亿美元。愚笨的人毫无创造性地当即过上了奢侈物质的生活，大龙花了一天拟定他比愚人高妙千倍的消费计划。第二天，他就死了。命运之神再次满足了他的要求。

命运之神第三次宠幸他们时，大龙竭尽所能，仔细思考了

感 悟
ganwu

在财富面前，人的聪明理智往往失去了作用。其实，生活中应该多一点轻松，才会过得健康。

43

一个毫无缺憾的要求，以便使自己完全能占愚笨之人的上风。他说：我要和他同样在年轻时走运，终生比他有钱，而且长命百岁，这样，才能对得起我的智慧。命运之神马上允许了。

愚笨的人得到了一亿美元，聪明的大龙得到一个精神病医生的护理。命运之神的一条准则据说是：如果一个人处心积虑要把所有的好处集聚在自己身上，就会失去健康的头脑和身体。

健康与金钱的故事

一本智者圣经，类似"羊皮卷"，上面说：每个人都有一笔足以改变命运的钱。没有人知道这笔钱藏匿在什么地方。

一个英国妇女把这句话牢牢地记在心中，从看见这句话的那天起，她就在苦苦地寻找这笔改变命运的钱。她买过彩票，可是好几年过去了，从来没有中过大奖。她想尽办法，就是没有任何的结果。

有一天，她看中了英吉利海峡边的一套豪宅，全身的热血都沸腾了。回到昏暗潮湿的小公寓，她拿出仅有的 3 本存折，全部加起来还不到豪宅价格的一个零头。她是个唯物至上的人，不休不眠地思考了两夜之后，她做出一个惊人的决定，就是从自己身上拿出一个肾来卖掉。

她忽然明白，那一笔改变命运的钱，就在自己体内。

身体健康的她的肾非常健康鲜活，售价是 8.5 万英镑，也就是约 15 万美元。这是世界上最贵的一个肾。

据说，少一个肾至少减寿 5～6 年。但她说她不怕，因为她只有 33 岁。英国人的平均寿命是 73 岁，减去 5 年，她也会活到 68 岁，没有多大损失。这种太遥远的威胁，对健康的她来说是可以忽略不计的。要紧的是，她能够享受几十年的海边豪宅，而不是在伦敦东区的贫民窟里度过一生。

这样，这个 33 岁的女人，用一个肾改变了命运，住上海边豪宅。

可惜，入住豪宅的幸福感没有维持多久，就开始降温。两个月后，当她站在临海的落地窗边看海，海水已经失去了往昔的那种蓝色。

少了一个肾，留下了很多后遗症，她渐渐进入亚健康状态。自此，她多了一个小动作，就是习惯性地用一只手抚摩着腰间，安慰剩下的那个肾，仿佛在说，我就靠你去支撑余下的日子啦。

健康原来比寿命重要。减寿不要紧，但在减寿基础上还要赔上健康，是她始料不及的。等她发现这一点的时候，已经晚了。哪怕她筹来 80 万英镑，也要不回自己的"那一个"肾了！

那一笔改变命运的钱，还是不找为妙。

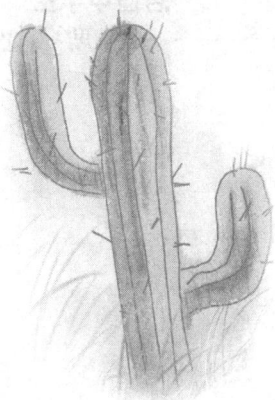

一个美国人的自述

由于天生双目失明，我看不到自己的样子，只能通过别人的眼睛来塑造自己的形象。遗憾的是，在别人眼里，我的形象似乎更残缺。

有些人认为既然我看不见，当然也就听不见。于是经常有人扯着嗓门儿和我讲话，把每个字都咬得十分清楚；还有人当着我的面儿窃窃私语，认为我听不到。例如每当我去机场，请机票代理处帮我登机时，他（她）总会拿起电话叫服务员，并低声说："喂，这儿有位老人需要帮助。"他们不使用"盲人"这个词，似乎是不想让我知道这个我以前也许没有意识到的可怕事实。

还有的人认为，盲人当然能听到别人讲话，只不过自己不会说话。例如当我和妻子出去吃饭时，侍者经常会问她："他

感 悟
gǎnwù

当"我"的投篮打在篮筐上的时候，"我"早已是一个健康的人。"我"只是一个生理上的盲人，却是生活中的健全人。

想来一杯吗?"这时我就会抢着回答:"他确实想来一杯。"

但最夸张的例子还要属我在医院的一次经历,当时我正在哈佛大学进修法律。一天我生了病,被送到医院里。我坐在轮椅上,被护理员推向X光室。一位上了年纪的女士——我是凭声音判断的——问护理员:"他叫什么名字?"

"你叫什么?"护理员问我。

"哈罗德·克伦茨。"我回答。

"哈罗德·克伦茨。"他重复道。

"他何时出生?"

"1950年2月5日。"我答。

"1950年2月5日。"护理员重复道。

这个过程大约持续了5分钟,直到我那圣人般的耐心终于用尽了。"嘿,"我脱口说道,"这简直太荒唐了。的确,我看不见东西,但你们没发现我根本用不着一位翻译吗?""他说他不需要一位翻译。"护理员向那位女士报告说。

但最令我痛苦的偏见莫过于由于失明,人们认为我"无法胜任"工作。先后有40多家律师事务所拒绝了我的求职申请,尽管我的履历中包括一份斯坦福大学的优等成绩单。不停地有人告诉我盲人不能当律师。根本不考虑我的能力,仅仅因为失明就把我拒之门外,是我遇到的最残酷的现实。

幸运的是,1976年4月16日美国劳工部颁布法令,规定残疾人享有与健康人同等的就业权利,残疾人的就业前景才变得乐观起来。

当时我们一家住在斯卡斯戴尔,我和父亲经常在后院打篮球。由于我看不到篮板,我俩就制定了游戏规则:父亲站在篮筐下面,他一喊我就向那个方向投篮。有一天,隔壁一个5岁的男孩带着他的伙伴来到我家后院。

"他是个盲人。"男孩轻声对朋友说,但我和父亲都听到了。

这时父亲投篮不中，我也没有投中。父亲再投，他投了个"三不沾"，篮球哪儿也没碰到。我再投，球碰到了篮圈。

"哪一个是盲人？"男孩的朋友问男孩。

"聋子"的故事

卡罗琳是一家心理网站聊天室的主持人。每天，她都要面对许多倾诉者，其中大多是青少年和家庭妇女。他们多数心理比较脆弱，也最需要有人帮助他们排解心中的郁闷。卡罗琳总是耐心地劝解并引导他们走出心理误区。很快，卡罗琳声名鹊起，她就职的那家网站也很受网友欢迎。

尼科尔是一家报社的记者，得知卡罗琳的事迹后决定去采访她。见到卡罗琳时，她正在网上和一位叫丽莎的女士聊天。丽莎向卡罗琳抱怨道："您不知道，我最近真是烦透了。我的丈夫老是带朋友回家来喝酒，而我的儿子则迷上了摇滚乐，家里整天吵吵闹闹的。更可怕的是我家左边的邻居家里养了很多鸟，每天天不亮就叽叽喳喳地叫起来。而每到傍晚，我家右边的邻居家里那台噪音很大的剪草机又会准时响起来。我每天都被这些噪音包围着，如果再这样下去，我肯定要发疯的……"

卡罗琳回复道："丽莎太太，您之所以被那些噪音包围，完全是因为您有一双听力很好的耳朵，所以我要恭喜您。如果我有一双您这样的耳朵，那该多好啊，我可以将丈夫跟朋友喝酒制造的噪音和儿子听摇滚音乐，当成自己参加高级盛宴时所听到的声音；而剪草机和鸟的叫声则是春天的声音……可惜，我在 3 年前就失去了听觉，再也听不到任何声音了。"

丽莎沉默了好一会儿才说："啊，您真是太不幸了，这么说来，我比您可幸福多了。"

这时，一直在看卡罗琳和丽莎女士网上聊天的尼科尔很不

感 悟
ganwu

健康是一个人最大的财富，而我们却常常忽略这一点。

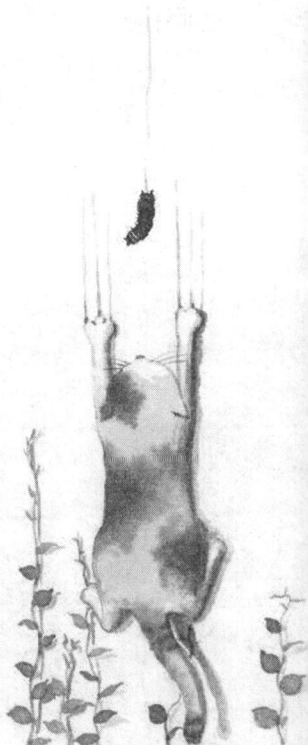

47

解："您的耳朵不是好好的吗？"卡罗琳笑着说："只要那位女士从此快乐起来，我当一回聋子又有什么关系呢？"

尼科尔终于明白，卡罗琳为何如此受网友欢迎了。

盲人牌的秘密

皮特是一名职业魔术师，他受雇每天晚上在洛杉矶的一家餐馆里为前来就餐的顾客表演魔术。一天晚上，他走到正在餐桌边就餐的一家人面前，取出一副牌，开始表演。他转向正坐在餐桌边的一个小女孩，请她抽出一张牌。女孩的父亲告诉他，女儿凯蒂是个盲女。

皮特回答："噢，那没什么。如果她同意的话，我还是想专门为她表演一个魔术。"说完，皮特又转向小女孩："凯蒂，你愿意配合我表演一个魔术吗？"

凯蒂有点儿羞涩地说："我愿意。"

然后，皮特在餐桌边凯蒂对面的位置上坐下来，说："我举起一张牌，凯蒂，它将会是红黑两种颜色中的一种，或者是红色或者是黑色。我需要你做的就是请你运用你的精神力量，告诉我那张牌的颜色是红色还是黑色。你明白了吗？"凯蒂点了点头。

皮特抽出一张梅花5，说："凯蒂，这张牌是红色的还是黑色的？"

过了一会儿，盲女孩凯蒂回答："是黑色的。"她的家人都笑了。

皮特又举起一张红桃7，说："这张牌是红色的还是黑色的？"

凯蒂说："是红色的。"

然后，皮特又举起了第三张牌，是一张方块3，说："这一张是红色的还是黑色的？"

凯蒂毫不犹豫地说："是红色的!"她的家人都兴奋地鼓起掌来。皮特接连又抽出了三张牌,凯蒂全都说对了。令人难以置信的是,她总共猜了六次,居然六次全都猜中了!她的家人简直不相信凯蒂的运气会这么好。

皮特举起的第七张牌是一张红桃5,他说:"凯蒂,我想让你告诉我这张牌是一张什么牌,是红桃、方块、黑桃还是梅花,数字是几。"

过了一会儿,凯蒂信心十足地回答:"这是一张红桃5。"她的家人全都屏住了呼吸,全都被惊得怔住了!

女孩的父亲问皮特他是在玩魔术还是真的会施展魔法,皮特回答:"你还是问凯蒂吧。"

于是,凯蒂的父亲说:"凯蒂,你是如何答对的呢?"凯蒂微笑着说:"这是魔力!"皮特与这家人握了手,拥抱了凯蒂,留下了自己的名片,然后道别离开了。显然,那天晚上,他创造了这家人一生也不会忘记的魔力时刻。

那么,凯蒂到底是如何知道那些牌的颜色的呢?皮特在进餐馆之前从未遇到过她,所以他不可能预先告诉凯蒂哪些牌是红色的,哪些牌是黑色的。而凯蒂的眼睛是看不见的,因此,她也不可能在皮特举起牌的时候看见牌的颜色和牌上的数字。那么,这一切到底是如何进行的呢?

皮特能创造这个"一生只有一次"的奇迹是因为他运用了一种秘密的代码和敏捷的思维。在皮特从事这个职业生涯的早期,他设计出一套不用语言也能在人与人之间进行沟通的脚代码。那晚在餐馆里遇到凯蒂一家之前,他从来没有机会运用过那套代码。当皮特在凯蒂的对面坐下来的时候,他说:"我举起一张牌,凯蒂,它将会是红黑两种颜色中的一种,或者是红色或者是黑色。"他一边说,一边在桌子底下用脚敲了敲她的脚,当他说"红色"这个词的时候他敲一下,说"黑色"这个词的时候敲两下。

为了确保凯蒂已经明白了他的意思，他又把刚才的那个秘密的暗示重复了一遍。他说："我需要你做的就是请你运用你的精神力量，告诉我那张牌的颜色是红色还是黑色。"与此同时，当皮特说红色时他的脚在桌子底下偷偷地敲她的脚一下，在说黑色时敲了两下，并问她："你明白了吗?"当她点头说"是的"的时候，他知道她已经明白了那套代码，并且乐于和他一起玩这个魔术。而当她的家人听他问她是否"明白"的时候，他们以为他指的是他刚才说的规则。

那么，他是如何把"红桃5"这个信息传递给她的呢? 很简单。他用脚敲她的脚五下，让她知道它是"5"。当他问她那张牌是红桃、黑桃、方块还是梅花的时候，他在说"红桃"的时候用脚敲了敲她的脚。

这个魔术的魔力在于它对凯蒂所产生的影响。它不仅给了她一个在她的家人面前出风头而觉得自己很特别的机会，它还使她在她的家人把这个令人惊异的"精神"体验告诉他们的所有朋友们的时候，令她成为家里的一颗耀眼的明星。

在这件事过去了几个月之后，皮特收到凯蒂寄来的一个包裹，里面有一副用盲字印的牌和一封信。她在信里为他让她感觉自己是那么特别而向他道谢。她说尽管她的家人一个劲儿地追问她，但她还是没有说出那个魔术的秘密。在信的末尾，她说她希望他收下那副盲人牌，以便他能为盲人表演更多的魔术。

如果感到健康你就跺跺脚

那一年，青年德勒从州立大学毕业了，他当了一个教文学的老师。所以，从那时开始，我们应该叫他德勒老师。

其实德勒梦想去做一个优秀的长跑运动员。四年前的他曾是那么单纯而痴迷的一个运动青年，但是，他的梦想却在生活

中成了幻想。

拿着自己从最新的教育学书籍上学来的方法，德勒在自己的学生们身上试验着。他看了几眼墙上面的彩色人像和明丽风光，"好了，开始了。如果感觉到健康幸福你就拍拍手。"德勒老师大声对所有人说。

孩子们纷纷举手跟着德勒老师拍。他们的面孔从僵硬乏味立刻变为鲜活生动。德勒老师更加热情高涨，他的视线从一个学生跳跃到另一个学生，最后定格在一个男孩脸上——他是那样的面无表情！

德勒老师又重复了一次，男孩依旧没有表情。

"你叫什么名字？"德勒开始冒火。

男孩抿紧嘴唇，一声不吭，表情甚至有些愤怒。德勒老师又问了一句，他还是不说话。不过学生们却很奇怪，按照一般的情况，应该是勾起大家的好奇。但是，所有的孩子都没有去关注这件事。只有一个学生轻轻地说："老师，他叫詹姆斯。"德勒老师深深倒吸了一口气，终于克制下来继续上课。除去过去了的 25 分钟，下面的 20 分钟，仿佛几个小时一样漫长。德勒的情绪被彻底破坏了，他慢腾腾地布置了作文题目：健康与幸福，然后说："请课代表下午收了之后送到我办公室。"

下课之后那个詹姆斯被德勒老师叫到了办公室。他亲切地问："为什么不和大家合拍呢？下次不可以，知道吗？"

男孩在口袋里抄着手，低头，沉默地点头。一直到他晃回教室，他的右手始终放在口袋里没拿出来。

德勒老师心想："嘿，我遇到一个脾气倔强的孩子。"

詹姆斯又惹事了，他和另外一个男孩打架了。德勒老师好奇地赶过去的时候，争执似乎已经结束。詹姆斯全身都是乱糟糟的，唯一不变的是，仍把手抄在口袋里，站着不动，满脸通红。

"你又怎么了，詹姆斯？"

身体的残疾并不可怕，如果心灵因此而蒙上阴影，那就意味着真的残疾。德勒老师用自己的事例给学生们上了最生动的一课。

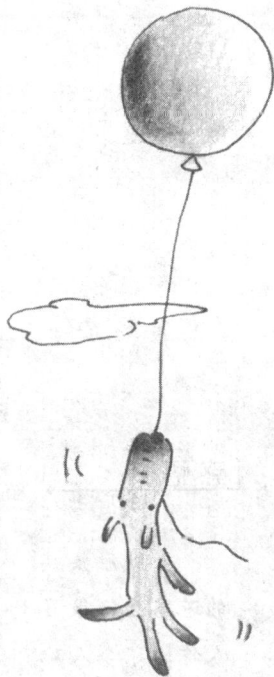

詹姆斯毫不理睬，转身跑掉了。德勒老师只好也无可奈何地离开。

"詹姆斯的右手以前触过电，被切断啦！"有一个女生这么说，德勒老师的心猛然一缩。

晚上，德勒老师坐在房间里一本一本地看交上来的作文本，把封皮上写着詹姆斯的本子单独抽出来。

第二天，德勒老师仿佛什么都没发生过一样平静地走上讲台，然后把前一天的作文本发下去。直到最后的五分钟，他说："我们重复一下昨天的节目好不好？但是我们稍微修改一下，如果感到健康，你就跺跺脚。来，老师先带头！"

德勒老师带头跺起来，非常地用力，左右两只脚一起动着，虽然看上去非常滑稽，因为他是罗圈腿。

一分钟后，教室里响起剧烈如暴风雨的跺脚声。其中，德勒老师听到最特别的一个声音，那是詹姆斯发出的。因为詹姆斯那天跺脚的声音是最大的，并且眼睛里含着泪。

德勒老师在他的作文上打了有史以来第一个99分，后面还附上了一段话："为什么没有给你满分，是因为你感到你的身体不健康，而拒绝了让自己的心感到幸福。也许你注意到，你的德勒老师其实是一个截去左脚的人，那背后，也有老师的不幸的故事。所以，他虽然是选择了平凡的文学老师，却仍然认真地、快乐地生活着。"

母爱与肝脏透析

施特凡·阿尔丁格从小性格倔强。高中毕业时他一心想考化工学院，而母亲坚持让他考文学系将来当个作家。争执不下，他一生气便离家出走。

在外流浪了两天，口袋中的钱花光了。第三天他饿得两眼冒金星。无奈地站在卖"热狗"的摊前目不转睛地盯着新出炉的"热狗"垂涎欲滴。卖"热狗"的大娘看透他的心思："想吃热狗吧？给你两个……"他接过"热狗"，狼吞虎咽地吃起来。大娘从家里端来一杯饮料递给正在打嗝的阿尔丁格："小伙子，喝杯饮料，我就住在摊后面的但丁街 18 号。是离家出走吧？"阿尔丁格点点头，眼泪不由自主地流下来："我和母亲吵架，我想学化学，她非叫我学文学不可，一赌气我就……"

大娘语重心长地说："我给你两个热狗、一杯饮料，你就感动得泪流满面；你母亲给你十八九年的物质和情感的关爱，你不但无动于衷，反而却狠心地离开她！她会十分伤心的。"

阿尔丁格回到家中，投入母亲怀抱痛哭一场。他万万没想到：母亲同意了他报考化工学院。

他大学毕业时，母亲患了肝硬化腹水。他查资料到处求医。医生说，目前全世界大约有 160 万人患有肝脏疾病。对于你母亲这种严重肝病患者，生存的唯一可能就是采用器官移植。但这很困难，一则是很难找到捐献的、与患者有亲和力的器官；二则费用也过于昂贵。阿尔丁格跪求医生："我给母亲移半个肝吧！求求您！"

"傻话！你母亲需要换整个肝脏，一命换一命有何价值？"

不久，母亲去世了。临终前她握住儿子的手说："我从医生那里得知，你和你父亲都恳求用你们的肝脏移植给我！我死而无怨！孩子，你能不能发明一种肝脏透析机，像肾脏做透析那样，滤出肝脏中的病毒。"阿尔丁格跪在母亲床前挥泪发誓："儿子一定完成您的重托！您放心吧！"

阿尔丁格为实现母亲的遗愿，考入罗斯托克市医疗设备研究所，刻苦钻研用化学与物理相结合的方法，研究肝脏透析机。功夫不负有心人，他 31 岁时与物理学家瓦尔特·格里克同罗斯托克市的医学家合作研制成功"Mars"（玛斯）分子吸附循环系统——肝脏透析机。

阿尔丁格从《罗斯托克报》看到一则惊人的《征肝启事》：

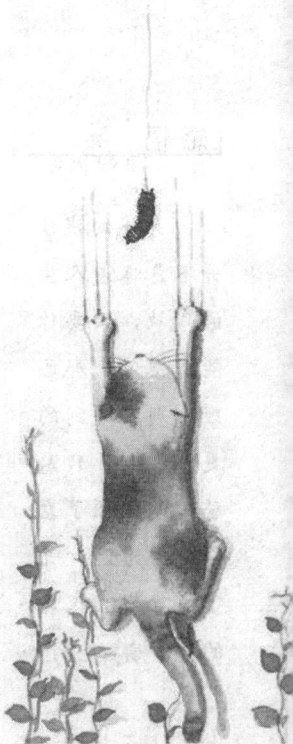

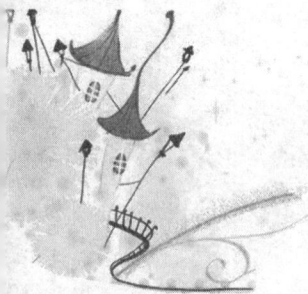

萨比娜老人患严重肝病，有献肝脏者及掌握相关信息者请与但丁街18号联系。后面还有电话号码。

阿尔丁格立即想起12年前讨热狗的往事，驱车前往萨比娜老人的家中。只见老人面色蜡黄，静静地躺在床上，她的女儿叫醒她："有人看您来了！"阿尔丁格走过去："老妈妈，您还认识我吗？我叫阿尔丁格，在我最困难时您老帮助过我！我可以给您献出半个肝脏！"老人坐起来："谢谢！千万使不得！听女儿说有人发明了什么透析机，可以不换肝脏，你能找到这位先生吗？"

"我就是发明透析机者之一，我已为您请好医生住院治疗！"老人又惊又喜："你真是位有心人！天下的大好人！"

上帝替我蒙住了左眼

戈登·布朗出生在苏格兰一个普通的牧师家庭，从小志向远大。12岁时，布朗就和哥哥约翰说服工党，允许兄弟俩在自己创办的报纸上刊登当时工党领袖哈罗德·威尔逊的一篇文章。

厄运不期而至。高中快毕业时，布朗遭遇变故。在同教师举行的一场橄榄球赛中，他被踢中头部，左眼视网膜脱落。他在医院待了几个月，双眼均缠上绷带，接受了三次眼部手术，受尽煎熬，最终不得不接受左眼失明的事实。

对于一个风华正茂的有志青年来说，失去一只眼睛是何等的残忍。那段时间，布朗心灰意冷，躲在屋子里不出门，讨厌陌生人的蔑视，更憎恶亲朋的同情，从朝气蓬勃变得郁郁寡欢。

父母看在眼里，疼在心上，尝试开导劝慰，却毫无收效。

恰好，布朗的哥哥约翰从大学回家休假，他千方百计地想

感悟 ganwu

身体的残缺并不意味着人生的残缺，只要你能正视它，那已经比别人得到的更多，上帝只是替布朗蒙住了左眼，却为他打开了通往事业辉煌的另一扇窗。

帮助弟弟走出低谷。一天，他欢天喜地地回到家，找到布朗，塞给他一把手枪和 6 发子弹。布朗有些惊奇，小心翼翼地抚摸着手枪，问：这是一把能开火的真枪？约翰拍着弟弟的肩膀说，当然了！我们到户外进行实弹射击，玩个痛快！

布朗犹豫了片刻，终于起身和哥哥一起出了门。

来到屋后的小山冈上，他们将目标锁定在 20 米开外的一棵橄榄树上。约翰率先举枪，眯起左眼瞄准，也许是紧张，又不懂技术要领，他连开了三枪都没有命中目标，只好把枪交给布朗。布朗的前两发子弹都射偏了，有些沮丧。约翰在一旁鼓励说："不要说放弃，你还有一次机会！"这一次，布朗屏气凝神，果然击中了树干。

约翰欢呼着抱住弟弟，兴奋地说："刚才我努力眯紧左眼，很吃力，所以没有瞄准。你比我有优势，因为上帝替你蒙上了左眼，你可以心无旁骛，专心瞄准目标！"

约翰假装无心所说的话，深深打动了布朗。一瞬间，他感到浑身重新充满力量。第二天，他又回到了学校学习。

16 岁时，布朗获得了苏格兰著名学府爱丁堡大学的奖学金，成为该校当时年龄最小的大学生；24 岁时，布朗发表了自己所谓的"苏格兰红皮书"，俨然以英国首相的口气对苏格兰的状况进行分析。

这位热心政治的青年，积极参与各种社团活动，难免会树立一些反对派。他的对手们常常借他的盲眼嘲笑他，攻击他，每当这时他总是想起当时哥哥的鼓励。在许多次演讲中，他激昂而自豪地宣称："我的左眼是上帝为我蒙上的，就是希望我能专注于我毕生的事业，专注于我的目标，执著向前！"

眼疾反而加强了布朗奋斗的决心，他迅速在政坛脱颖而出。46 岁，他当上了英国历史上任期最长的财政大臣，如今他接任布莱尔成为英国新一任首相。

布朗说:"每一个经历都在塑造你。我只能坚持信念,保持积极。人生最重要的就是要在逆境中坚持下去,不让环境击垮你。"

伊丽莎白·泰勒的新角色

感悟
ɡɑnwu

疾病给伊丽莎白·泰勒带来了新的灾难。有时她确实害怕,但从来就没有失去希望,从来没有想到过自杀。因为她热爱生活,不愿脆弱地生活在人世间。

对于广大的电影观众来说,伊丽莎白·泰勒是个耳熟能详的名字。这一次,她扮演了一个很辉煌的角色——抗击死亡的泰勒。

她的颅骨内左耳上部长有一个肿瘤,必须切除。在经历了65次外科手术之后,她以令人难忘的笑容面对着第66次手术的到来。

手术后,尽管剃光的头上还留有一道伤痕,但是传奇般的笑容又回到了伊丽莎白·泰勒的脸上,随之重现的还有她的幽默。她指着自己的光头说:"那些说我是在给面部做去皱纹手术的人,不得不把他们的谎言吞回去。看,除了最后一次手术的伤疤根本没有什么别的疤痕!"

泰勒非常幸运,手术很成功!这个新的手术只是在她的头上留下了一个马蹄形的伤痕。

此时此刻,没有人与泰勒共同面对困难。在孤独和寂寞中,日夜陪伴她的唯有她的马耳他狗——休格。在与最后一个丈夫离婚之后,泰勒把自己全部的爱都给了休格。就在住院之前,她还坚持要修改遗嘱,为了给休格生活保障。

伊丽莎白·泰勒不再把自己的生活隐藏起来,她向公众诉说了自己这段可怕经历:

一切都是从持续了好几个月的剧烈头痛开始的。我也注意到了一些新的症状:记忆力轻度丧失;东西有时从手中滑落;有时我头晕得如坠雾中。我只注意到了这些。但有一天早晨,我有一种异样的感觉。仅是感冒、咳嗽和发烧已经难以解释我的状况。我马上奔向电话,但是在电话机面前我突然呆住了。

我竟然不知道该怎样去使用它了！我腿一软，跌坐在地上。恐惧笼罩了我的整个身体。我大声地喊叫，最后医生被叫来了。当他进来时，我想站起来，可是我一动也不动。我一直都没有想起来电话是怎么打的。

我被迅速地送往医院。我不得不进行 CT 检查。48 小时里都有人监护我，因为怕我的病发作。第二天早晨，医生进来对我说："你的颅骨里有一个肿瘤。幸运的是，可以肯定它是良性的。这个肿瘤压迫大脑，应该将它摘除掉。"

在其他方面，这些年我过得也很艰难。我失去了陈萨姆，也失去了 25 年来一直支持我的好朋友——做新闻专员的姐姐。她死于癌症，就在我目前住的房间里。

我确实觉得难以抗击这种新的灾难。然而，我要试一试。有时我确实害怕，但从来就没有失去希望，我从来未想过要自杀。我太爱生活了，但我不愿脆弱地生活下去。如果有风险，我要求医生去排除它。

我小的时候，总是有人告诉我该干什么，不该干什么。幸好我有自己的生活。我拒绝电影公司提出的要求，诸如修眉、染发、改名等。我就是我，这是我一生坚持的信条。

手术终于开始了，我好像进入了一条隧道，隧道的尽头闪耀着最灿烂的光线。但在隧道的尽头，迈克·托德对我说我应该按原路返回，我应该活下去。

苏醒之后，我沉浸在喜悦之中。我没有死，再也没有肿瘤了。手术前医生们非常担心，我也一样。但在我的内心深处，我知道一切都会好起来的。

我很幸运。我有一种凤凰涅槃之后的感觉。我要把人们给我的爱还给人们，我要为车臣筹款。在那里，有些孩子睡在排水沟里。我将到那里去，目前我要恢复体力，以完成我的使命。

· 输　血 ·

男孩与他的妹妹相依为命。父母早逝，妹妹是他唯一的亲人，所以男孩爱妹妹胜过爱自己。然而灾难再一次降临在这两个不幸的孩子身上。妹妹染上重病，需要输血，但医院的血液太昂贵，男孩没有钱支付任何费用，尽管医院已免去了手术费，但没有血液妹妹仍会死去。

作为妹妹唯一的亲人，男孩的血型和妹妹相符。医生问男孩是否勇敢，是否有勇气承受抽血时的疼痛，男孩开始犹豫。9岁的大脑经过一番思考，终于点了点头。

抽血时，男孩安静地不发出一丝声响，只是向着邻床上的妹妹微笑。抽完血后，男孩声音颤抖地问："医生，我还能活多长时间？"

医生正想笑男孩的无知，但转念间又震撼了：在男孩9岁的大脑中，他认为输血会失去生命，但他仍然肯输血给妹妹。在那一瞬间，男孩所作出的决定是付出了一生的勇敢，并下定了死亡的决心。

医生的手心渗出汗，他紧握着男孩的手说："放心吧，你不会死的。你捐的这些血只是全身血液中很小很小的一部分，不仅不会丢掉生命，还会让你更健康。"

男孩眼中放出了光彩："真的？那我还能活多少年？"

医生微笑着，充满爱心地说："你能活到100岁，小伙子！你很健康，而且乐于助人，你会更加健康！"男孩高兴得又蹦又跳。

他的妹妹听到了，对医生说："医生，医生，我病好以后也要捐血！"

等到近时好好说

有一天，一个教授问他的学生："为什么人生气时说话是用喊的？"

所有的学生都想了很久，其中有一个学生说："因为我们丧失了'冷静'。"

"但是，为什么别人就在你旁边，你还是用喊的，难道不能小声地说吗？为什么总是要扯着嗓子喊呢？"教授紧接着问。

学生们七嘴八舌地说了一大堆，但是没有一个答案是让教授满意的，最后教授解释说：

"当两个人在生气的时候，心的距离是很远的，而为了掩盖当中的距离使对方能够听见，于是必须用喊的，但是在喊的同时人会更生气，更生气距离就更远，距离更远就要喊更大声……"

教授接着继续说："而当两个人如果是知心朋友呢？情况刚好相反，不但不会喊，而且说话都很有礼貌，为什么？因为他们的内心很接近，心与心之间几乎是没有距离的，所以知心朋友之间通常是诉说的口气，他们之间无所不谈，他们是用心在交流，所以，声音听起来没有生气，没有大声的叫喊。"

最后教授做了这样一个结论：

"当两个人争吵时，不要让心的距离变远，更不要说些让心的距离更远的话。过上几天，等心的距离没那么远时，再好好地说吧！"

感悟 ganwu

健康地交友，健康地生活，让心的距离不再遥远，开开心心每一天！

买　油

从前在山中的庙里，有一个小和尚被派出去买食用油。在

59

与其天天在乎自己的成绩和利益，不如每天努力上学、工作或生活，享受每一次经历的过程，并从中学习成长。

离开前，庙里的厨师交给他一个大碗，并严厉地警告："你一定要小心，绝对不可以把油洒出来。"

小和尚答应后就下山到城里，到厨师指定的店里买油。在上山回庙的路上，他想到厨师凶恶的表情及严厉的告诫，愈想愈觉得紧张。小和尚小心翼翼地端着装满油的大碗，一步一步地走在山路上，丝毫不敢左顾右盼。

很不幸的是，他在快到庙门口时，由于没有向前看路，结果踩到了一个坑。虽然没有摔跤，可是却洒掉三分之一的油。小和尚非常懊恼，而且紧张到手都开始发抖，无法把碗端稳。回到庙里时，碗中的油就只剩一半了。

厨师拿到装油的碗时，当然非常生气，他指着小和尚大骂："你这个笨蛋！我不是说要小心吗？为什么还是浪费这么多油，真是气死我了！"小和尚听了很难过，开始掉眼泪。另外一位老和尚听到了，就走来问是怎么一回事。了解以后，他就去安抚厨师的情绪，并私下对小和尚说："我再派你去买一次油。这次我要你在回来的途中，多观察你看到的人和事物，并且需要跟我作一个报告。"

小和尚想要推卸这个任务，强调自己油都端不好，根本不可能既要端油，还要看风景、作报告。

不过在老和尚的坚持下，他只有勉强上路了。在回来的途中，小和尚发现其实山路上的风景很美。看得到远方雄伟的山峰，又有农夫在梯田上耕种。走不久，又看到一群小孩子在路边的空地上玩得很开心，而且还有两位老先生在下棋。这样边走边看风景的情形下，不知不觉就回到庙里了。当小和尚把油交给厨师时，发现碗里的油，装得满满的，没有一点儿损失。

动与静之间

多年前有一个探险家，雇佣了一群当地土著作为向导及挑夫，在南美的丛林中找寻古印加帝国的遗迹。尽管背着沉重的行李，那群土著依旧健步如飞，长年四处征战的探险家也比不上他们的速度，每每都喊着前面的土著停下来等候一下。

探险的旅程就在这样的追赶中展开，虽然探险家总是落后，但在时间的压力下，也是竭尽所能地跟着土著前进。到了第四天清晨，探险家一早醒来，立即催促着土著赶快打点行李上路，不料土著们却不为所动，令探险家十分恼怒。

后来与向导沟通之后，探险家终于了解了背后的原因。这群土著自古以来便流传着一项神秘的习俗，就是在旅途中他们总是拼命地往前冲，但每走上三天，便需要休息一天。向导说："那是为了让我们的灵魂能够追得上我们赶了三天路的身体。"

凡事全力以赴，使身体发挥出让灵魂跟不上的冲劲，是做事时最用心、最完美的境界。但是，应该休息时，则要让疲惫的身心获得充足的复原机会，能掌握工作与休息之间的脉动，才是持续拥有无穷动力的宝贵智慧。

经过一番解释后，探险家展开笑颜，并且心里认为，这是他此次探险当中最好的一项收获。

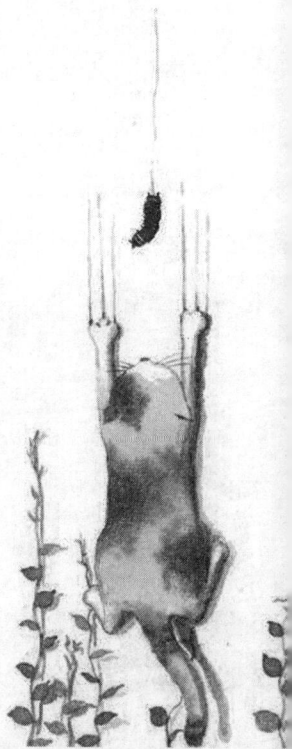

61

你怎么看你自己

感 悟
ganwu

"我只看我所有的，不看我所没有的。"身体健康的我们真的没有理由抱怨什么。

她站在台上，不时挥舞着她的双手；仰着头，脖子伸得好长好长，与她尖尖的下巴扯成一条直线；她的嘴张着，眼睛眯成一条线，诡谲地看着台下的学生；偶然她口中也会嘀嘀咕咕的，不知在说些什么。她基本上是一个不会说话的人，但是，她的听力很好，只要对方猜中或说出她的意见，她就会快乐得大叫一声，伸出右手用两个指头指着你，或者拍着手歪歪斜斜地向你走来，送给你一张用她的画制作的明信片。

她就是黄美廉，一位自小就患脑性麻痹的病人。脑性麻痹使她肢体失去了平衡感，也夺走了她发声讲话的能力。从小她就活在诸多肢体不便及众多异样的眼光中，她的成长充满了血泪。然而她没有让这些外在的痛苦，击败她内在奋斗的精神，她昂然面对，迎向一切的不可能，终于获得了艺术博士学位，她用她的手当画笔，以色彩告诉人们"寰宇之力与美"，并且灿烂地"活出生命的色彩"。全场的学生都被她不能控制自如的肢体动作震慑住了。这是一场倾倒生命、与生命相遇的演讲会。

"请问黄博士，"一个学生小声地问，"你从小就长成这个样子，请问你怎么看你自己？你都没有怨恨吗？"

"我怎么看自己？"她用粉笔在黑板上重重地写下这几个字。她写字时用力极猛，有力透纸背的气势，写完这个问题，她停下笔来，歪着头，回头看着发问的同学，然后嫣然一笑，回过头来，在黑板上龙飞凤舞地写了起来：

一、我好可爱!

二、我的腿很长很美!

三、爸爸妈妈这么爱我!

四、上帝这么爱我!

五、我会画画!我会写稿!

六、我有只可爱的猫!

七、还有……

八、……

忽然,教室内一片鸦雀无声,没有人敢讲话。她回过头来定定地看着大家,再回过头去,在黑板上写下了她的结论:

"我只看我所有的,不看我所没有的。"

掌声由学生群中响起,美廉倾斜着身子站在台上,满足的笑容,从她的嘴角荡漾开来,眼睛眯得更小了,有一种永远也不被击败的傲然,写在她脸上。

神　迹

在法国一个偏僻的小镇,据说有一个特别灵验的泉水,常会出现神迹,可以医治各种疾病。

有一天,一个拄着拐杖、少了一条腿的退伍军人,一跛一跛地走过镇上的马路,旁边的人们带着同情的口吻说:

"可怜的家伙,难道他要向上帝祈求再有一条腿吗?"这句话被退伍军人听到了,他转过身对他们说:

"我不是要向上帝祈求有一条新的腿,而是要祈求他帮助我,叫我没有了一条腿后,也知道如何健康地过日子。"

感悟 ganwu

肢体的残缺并不意味着丧失了健康生活的资格,真正的健康,来自于人的心灵。

感悟 ganwu

拥有健康的身体时,我们应该珍惜健康,但健康受损并不意味着美好生活的结束。

第 3 章
认识金钱——启迪你的心扉

　　金钱是财富？金钱是恶魔？金钱是全部欲望的根源？

　　其实，金钱本身并无所谓好坏，关键是使用金钱的人。

　　一个人用诚实合法的劳动赚来的金钱让自己的生活过得更加美满，这时候，金钱就是财富。

　　一个人用非正当手段获得的金钱满足自己无休止的享受，这时候，金钱就是恶魔。

　　一个人面对金钱不能坚持自己的操守，被贪婪所俘虏，这时候，金钱就成为罪恶的根源。

　　缺少金钱，却能抱有一颗坦然的心，这种人活得自然。

　　拥有金钱，也能保持一颗淡然的心，这种人活得潇洒。

　　金钱可以换来很多东西，但是，不能换来所有东西，比如友情，比如尊严。

　　正确地看待金钱，别让金钱成为你的指挥棒，要使用自己的智慧去赢得金钱，使用金钱！

双金钱的故事

感悟
gǎnwu

古人云："君子爱财，取之有道。"不要被金钱迷惑了双眼，幻想不劳而获，要懂得金钱须从勤劳处来的道理。

从前，华山脚下有一对农家夫妇，人们都叫他们"双金钱"。这"双金钱"的外号，一不是有钱，二不是姓双，而是他们有这样一段故事：

这对夫妇有一个儿子，名叫农田。

农田长到十二三岁时，跟着伙伴经常到赌场去看大人赌钱。常言道：跟着好人得好教，跟着坏人成强盗。农田也想赌钱了。

一天晚上，农田把自己要去赌钱的想法对妈妈说了，还说要赢很多钱来养活全家。这件事触痛了妈妈的心，妈妈就向他讲起了"双金钱"的故事：

我和你父亲成家不久，你爷爷和奶奶先后病死了。为了料理这两件丧事，家里大大亏空，手头没钱，弄得我们走投无路。我们把家中仅有的一头猪卖了，你父亲拿了卖猪的钱去赌。俗话说：输钱因为赢钱起，做戏因为娘欢喜。起初几次，你父亲是赢了很多钱，你父亲高兴，我也喜欢。后来，你父亲又去赌，我也去赌。记得我第一次走进赌场，看到赌头两手拿的赌具——两个金钱（双金钱）。赌头用食指和中指尖夹住金钱，先在桌上旋转第一个，接着又旋转第二个，马上用木碗把两个旋转着的金钱罩住，而后对着我们说："你们这一双和我这双金钱比吧！看谁旋转得快、旋转得久，看谁赢得多、输得少。"我暗想：无钱无胆量，怕死不进赌场，进了赌场，就要较量。我说："等着看吧！"我们把希望寄托在那两个金钱上。

起初，我们还是一边看一边猜。说也巧，我们看得也准，几乎每次都能猜中，当我们看到别人手里大把的银子，眼红了，手痒了，就赌了。当我们看到双金钱旋转之后停下来，一些人赢了，高兴、欢笑；一些人输了，难过、叹气。人家说赢钱的人想多赢，输钱的人心不服。我们也是这样，身上的钱输

光了，还舍不得离开赌场，借钱又赌，输了又借，一直输得我们的脸发热、耳朵发烧、全身发抖，因为我们把田地、房屋都输光了。最后，我同你父亲从赌场走出来时，你父亲说："这一回，真是没救了，怎么办？"

我们在赌场混了三个多月，回到家已经不敢进屋，因为房子已经输给了别人。无处可去，我们进了这间房子借宿。这屋里积满了灰尘，布满了蜘蛛网，一切都是空的：碗空、锅空、篓空，我和你父亲的心更空。

后来，人家把房子拆了，我们就去讨饭。一连几个月，我们这家要一点、那家要一餐，睡在路边、站在檐下、坐在街头，早打露水、夜遭风吹，受到别人的冷眼、谩骂、嘲笑。

一天黄昏，我们走到一个小山村前，四处一望，没有去路了。这时，乌云翻滚、电闪雷鸣、天昏地暗，下起了瓢泼大雨。我实在走不动了，看到山脚下有一个破草棚，我一头便栽倒在草棚里。你父亲进村去讨饭，很久不见他回来。我的肚子痛得难忍。不知什么时候，有一位白发苍苍的老太婆，蹲在我身旁，只听见老人说："造孽呀，你是人还是鬼，怎么到我的草棚里来了？"后来，这老人一直守在我身边，你就是降生在那间破草棚里的。

深夜，老人把我们带回她家。到门口，看到地上横躺着一个男人。老人把我们引进家，又去看那个人，哎呀！一个刚断气的男人。这个人就是你的父亲。老太婆看到那活人变死人，不知是怕还是累，昏了过去。后来因她无儿无女，便收下了咱们娘俩。她说："天大地宽，只要勤做，哪有草林里能饿得死蛇，何必要赌钱。"听了老人的话，再回想起来，我们就像赌桌上的那两个金钱一样，经过旋转之后，终于倒了下来。就这样，我们得了"双金钱"的外号。

农田听了双金钱的故事，他想，再赌钱，骄傲要走父母的老路，毁灭自己。他决心不去赌钱，牢牢记住双金钱的故事。

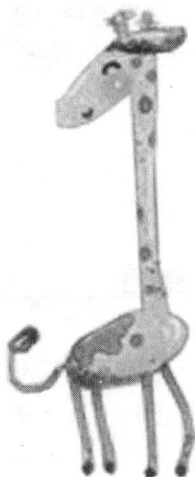

·斗米斤鸡·

从前，有一个农民，很孝顺父母。一天，他母亲病了，卧床不起，他就卖了三斗米，得了三吊钱，请医生来诊治，开了药方。但农村无药店，于是他进城买药。走到一家店铺门前，不小心一脚踩死三只小鸡，店铺伙计气冲冲地抓住他说："你瞎了眼睛，踩死我的鸡仔，我要你赔！"那农民踩死了人家的鸡仔，自觉理亏，愿意赔偿损失，于是说："你放开我吧！我赔！要多少钱？我给你。"店伙计说："我的鸡仔是九斤鸡，长大了九斤一个，现在市价卖五百钱一斤，二十七斤鸡，你要赔我十三吊五百钱。"农民说："我没有这么多钱，我妈病重，我卖去三斗米，得三吊钱，是给我妈抓药的。"农民苦苦地哀求。可是那伙计欺负他是乡巴佬进城，哪里肯放过他，大声吼道："先剥下衣服再说，没有钱赔，送到衙门去打板子，打了板子还要你赔。"一个在苦苦哀求，一个大声地吼叫，硬是不放手。看热闹的群众当街围了一圈。

事很凑巧，新任知县狄公正好由此经过，见路上挤满人群，叫衙役前往查明，原来是有人为鸡在吵闹。于是县太爷下了轿，当街审问，知县问出原由，知道这一农民忠厚老实，又是一个孝子，店铺伙计乃是刁蛮之徒。

新任知县少年登科，没有染上官场习气，还有爱民之情，于是马上作出判决："你这村野之夫，进城来东瞧西望，昂首上天，不顾一切，踩死人家的鸡仔，理应赔，你愿意赔吗？"农民很少进城，哪里见过官，早就吓得腿如筛糠，说道："小人愿赔。""那你就照赔。"

那店铺的伙计听县官这样断案，心中洋洋得意，赶忙叩首道："启禀县太爷，我的鸡仔是九斤鸡，要按九斤的价钱赔。""不要啰唆，本知县自然知道是要按九斤的价钱赔。"农民一听

县官这样断案，惊恐万状，赶忙跪下禀道："县太爷，小人母亲病重，只卖了三斗米，得三吊钱来给母亲抓药的，只有三吊钱呀！小的实在是赔不起，请县太爷宽恕！""不行，一定要赔，你拿三吊钱出来，余下的本官借给你。"

农民拿出三吊钱，余下的县官补上，总共是十三吊五百钱。店铺伙计得了钱洋洋得意。旁听的群众却敢怒而不敢言，有的暗地里骂开了："怎么是这样一个糊涂官，将来不知怎样欺压百姓呢！"那农民垂头丧气地准备离去，县太爷忽然大声吼道："你给我滚回来！"那农民转身回来，在县太爷跟前跪下说："钱不是赔够了吗？""我知道你是赔够了，但你还没有得到喂鸡的粮食钱呀！乡亲们，大家不要走，我们大家来帮他们算算账。"于是他叫那农民和店铺伙计都站在下面听着。

县官问那店铺的伙计："钱你得够了吗？""启禀县太爷，得够了。"县官又问："鸡是不是吃粮食长大的？""启禀县太爷，是吃粮食长大的。""那么你就应该给人家喂鸡的粮食钱。""那，这个应应应……应该给。"他结结巴巴说不出话。县官向广大乡亲高声说道："父老们！中国有句老话'斗米斤鸡'，养一斤鸡可要吃一斗米呢！三九二十七斤，就得吃二十七斗米，市价一斗米卖一吊钱，你应该给回这位农民喂鸡的粮食钱二十七吊。"

原先县官断给那店铺伙计的鸡钱是十三吊五百钱，现在要他退出二十七吊钱。店铺伙计交出钱后，县官叫那农民拿去。又问那店铺伙计："本官所断你服不服？"那人哑巴吃黄连，只好叩头答道："小人愿服。"哪知道，县官大怒："你这刁民，敲诈勒索钱财，本官责打你四十大板，以戒下次。"接着叫衙役拉下去当众打了四十大板。

改变一生的那笔钱

金钱本身并无好坏之分，只是使用它的人额外给它附加了很多东西。如果你认为金钱是你挥霍的资本，那么它就会害了你；如果你把它看成你成功的一块砝码，那么它就会助你一臂之力。

这天，当铺老板去公园遛完狗后就像往常一样回到铺子，正要拿钥匙开门的时候，竟发现树后有个"鬼鬼祟祟"的人影。直觉以为是歹徒要来抢劫，于是，老板大声喝问："你要干吗？"没想到对方却怯生生地回话说："老板，我是来当东西的。"

老板紧张的心终于放回了肚子里。"原来是赶早的客人啊！"他自己在心里默默道。只见客人从怀里掏出一个铁制的传统饼干盒，打开铁盖，里面收着一个手提包，待拉链一拉开里头竟然满满都是现钞。

老板以为自己刚刚糊涂听错话了，误听为这位先生是来典当东西的，没想到其实他是要来赎当的，因此赶紧改口问："先生，原来你要赎东西啊！麻烦你把当票一起给我。"但先生却摇了摇头，口气肯定地说："不是赎，我是来当东西的。"

当铺老板一时没会意过来，因为他没看到任何可以当的东西啊！难道要当饼干盒？于是他再问："那你要当什么？"那位先生指了指饼干盒说："我要当这包钱。"

这可有点意思，开当铺这么久，客人带着各种宝贝上门，无非是为了换钱，生平头一次遇到带着"钱"来当"钱"的客人。

当铺老板百思不得其解，只好问他："你都有钱了，为什么还要当钱？"他听了一脸尴尬地搓手说："唉，这个……总之，这笔钱不能用啦！"这下老板听得更是满头雾水了："不能用？难道这笔钱是假钞吗？如果是假钞，你赶紧拿走，我绝对不能收。"他急忙解释："不是假的啦！我不知道要怎么跟你讲，但是这笔钱我真的不能花掉。"老板继续追问："如果是真钞为什么不能用？钱就是钱啊！"没想到当铺老板这一说竟逼出了他的眼泪，他万分为难地说："因为……这是……这是我阿嬷给我的手尾钱。"

在台湾民间有个风俗，老人家若意识到自己将不久于人世，便

会像过年包压岁钱一般，发给每个晚辈一笔金额不大的钱，除了留给子孙当纪念外，还有保佑后辈财源滚滚之意，是谓"手尾钱"。

当铺老板被这笔钱的来历吓了一跳，示意他继续往下说，只见他眼眶泛着泪水，幽幽道出压抑已久的往事。

他的家族在当地赫赫有名，家产丰厚。族中的长者颜老太太独独宠爱她的外孙，只可惜她的外孙从小不学无术，长大后竟沉迷赌海。这个外孙就是他。为了赌博，他将家里可以变卖的东西全换成了赌本，几年赌下来，负债累累，落得个众叛亲离的下场，最后只剩颜老太太始终护着她的宝贝外孙。

终于，颜老太太还是走到了人生的终点。临终时，她特地把外孙叫到病榻前，用布满皱纹的手抚着他的头，苦口婆心地说："乖外孙，别再赌博了，阿嬷在世的时候还能照顾你，等我走了，还有谁能护着你？"颜老太太将其他晚辈给的钱省了下来，包了一份二十万的手尾钱给他，也就是现在放在饼干盒里的那笔钱。

他尴尬地告诉当铺老板："这笔钱不能存进银行，因为存进去再领出来就不是原本的钞票了！现在我手上没有资金可以创业，而且没人愿意借给我，这笔手尾钱又是阿嬷对我的期待，我绝对不能花，想来想去没办法，所以想请你帮我保管，借我一笔做生意的本钱。"

事情的前因后果让当铺老板听傻了，原来这一笔钱不只是钞票，还包含着阿嬷对外孙最后的嘱咐。听完故事，看着面前的人，再看着眼前的钞票，当铺老板感受到他重新做人的决心，于是决定帮他这个忙。

他带着创业资金先是开了间海鲜小炒，因为用心烹调、认真经营，很快在地方上打出了名号。只过了一个多月，他就来当铺赎回了手尾钱。据说创业成功之后，他还在多地开了连锁店，为自己的人生重新点亮了希望。

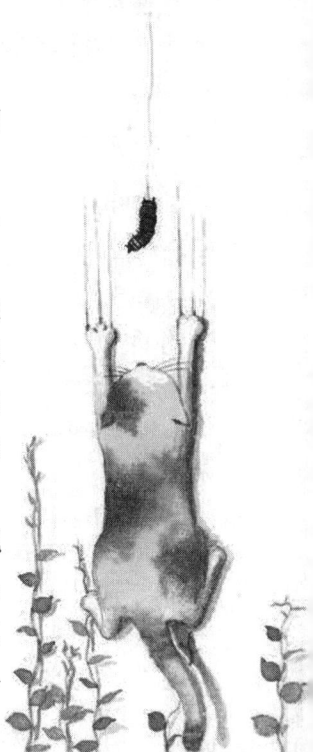

·用拥抱回报拥抱·

美国有一个非常富有的人，由于他很富裕，不论是左邻右

感悟
gǎnwù

困难时，别人给予你金钱上的帮助，不是为了让你解决温饱，而是希望帮助你找到站起来的方法。

舍还是外地人都认识他或知道他。通常，他的门铃响起时，门外总是站着请求募捐的人。有时，按响门铃的是某个陷于困境的邻居，于是他面带微笑地拥抱一下来人，并大方地将一把钞票塞到来人的手中。有时门铃响后见到的是代表非洲饥饿儿童的慈善机构，他便含着笑，拥抱一下门外的慈善机构的来人，随后签上一张数额不小的支票。

一天晚上，外面特别安静，这个富翁决定出去走一走。他沿着弯曲的街道，悠闲地一直往前漫步。突然一个躺在人行道上的流浪汉吸引了他的目光。那个流浪汉的运动衫破旧不堪，虽然穿着鞋，但互不相配，而且身上散发出臭味。流浪汉同时也看到了他，并且知道他是谁，但他没有伸出手，而是把自己的脸掩藏起来。富人站在这个衣衫褴褛的流浪汉身旁，俯下身，轻轻地抚摸了一下他的面颊，但是流浪汉却旋即闪开了脸。富人不禁苦笑了一下，慢慢转过身，向回家的路上走去。

听到富人的脚步声在拐弯处消失后，流浪汉才睁开眼睛，坐起身来。在他的脚边有一张崭新的百元美钞。他一把抓起钞票，然后起身径直冲向最近的商店。同所有的流浪汉一样，他的第一个念头便是把钱挥霍在喝酒上。

然而，当流浪汉的双脚就要迈进商店时，他猛然又感受到了富人那充满爱心的抚摸。他心中不禁为之振奋，他下决心要从那一刻、那个地方重新开始人生。他随即向一个老妇人讨了两个10美分的硬币。"哟，"老妇人问他，"你不再买酒了？"流浪汉摇了摇头："100美元，全部买微软公司的股票。"由于当时正值20世纪80年代末，所以只经过很短的一段时间，股票便飞涨了，这个流浪汉便因此摇身一变成了腰缠万贯者。

故事再回到洛杉矶东部。几年的光阴缓慢流逝，慷慨的富翁生活依旧：傍晚散散步，用口哨吹吹音乐曲调，或是开门迎接来客。

有一天，门铃又响了。富翁打开门，只见门外站着一位衣着考究的绅士。"啊哈，一定又是募捐。"富翁寻思着。但当他刚要说话时，客人先开口了。

"你就是那位富翁，对吗？"客人问道。

"我能为你做点儿什么呢?"富翁机械地说道,对被请求给予钱物他已习以为常。

"不是你要为我做什么,"客人说,"而是你已经为我做的。"

"我已经为你做的?"富翁惊异地问道。

"你给了我第二次人生的机会。有了你慷慨的捐助,我得以投资并终于摆脱了贫穷。我再也不必在穷途末路上堕落了,我已能在拥挤的人行道上昂首阔步了。为此我要向你表示感谢。"富翁终于认出这位来客就是曾经蜷缩在街头的那个流浪汉。于是他说道:"我当时给你钱时,你并没有向我索取。我只是因为看到你在那里,出于爱心才这样做的。换了别的人,我也会给他的。"

"正因为如此,我更要来向你致谢。"客人说道。

"可是我很富有,"富翁说,"我有很多钱财要给别人,而从未想到要从别人那里得到回报。"

"很好。"客人点头称道,"其实我也没有什么东西送给你——我所有的一切,都是你给的。我来这里的唯一目的就是向你道声谢谢。"富翁睁大了眼睛看着向他走近的来客,将他拥抱。这拥抱是他在门前经常做的那种拥抱,不同的是这是第一次有人用拥抱来回报他的拥抱。

当他的客人,一个曾经流浪街头的人紧紧地拥抱着他时,富翁感到这是有生以来最使他感到满足的拥抱,他的眼泪夺眶而出。

· 聪明的获奖者 ·

某家电视台上有一个娱乐节目,内容就是数钞票比赛。在这个节目之外,还有另外几个娱乐节目,每个节目都有若干名观众参加,获胜者最后将得到 1 000 元奖金。而这个"数钞"节目的游戏规则与众不同。主持人拿出一大叠钞票,这一大叠

钞票里面，有大小不一的各类币种，杂乱重叠着，在规定的三分钟内，让现场选拔的四名观众进行点钞比赛。这四名参赛的观众中，谁数得最多，数目又最准确，那么，他就可以获得自己刚刚数得的现金。

主持人将游戏规则一宣布，顿时引起全场轰动。在三分钟内，不说数几万，至少也数出几千来吧。而在短短的几分钟内，就能获得几千块钱的奖励，能不叫人刺激和兴奋吗？

游戏开始了，四个人开始埋头"沙沙沙"地数起了钞票。当然，在这三分钟内，主持人是不会让他们安心点钞的，他还会拿起话筒，轮流给参赛者出脑筋急转弯的题目，来打断他们的正常思路，并且必须答对题目才能接着往下数。几轮下来，时间就到了，四位参赛观众手里各拿了厚薄不一的一叠钞票。主持人拿出一支笔，让他们写出刚才所数钞票的金额。

第一位，2 980 元；第二位，4 120 元；第三位，也数出了3 256 元的好成绩；而第四位，只数出区区 542 元。四个观众所数钞票的数目相距甚远。当主持人报出这四组数字的时候，台下顿时一片哄笑，他们都不理解，第四位观众为什么数得那么少呢？

这时，主持人开始当场验证刚才所数钞票数目的准确性。在大家关注的目光之下，主持人把四名参赛观众所数的钞票重数了一遍，正确的结果分别是：3 000，3 986，3 200，542。也就是说，前三名数得多的参赛观众，不是多计了 100 多元，就是少计了几十元，距离正确数目，都只是一"票"之差，只有数得最少的第四位才完全正确。按游戏规则，那么也只有第四位观众才能获得 542 元奖金，而其他的三位参赛观众，都只是紧张地做了三分钟的无用功。

看到这样出乎意料的结果，台下的观众先是沉默，继而爆发出热烈的掌声。这时，主持人拿出话筒，很严肃地告诉大家一个秘密：自从这个节目开办以来，在这项角逐中，所有参赛者所得的最高奖金，从来没人能超过 1 000 元。

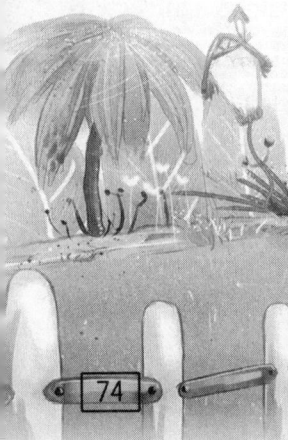

感悟 ganwu

聪明地放弃，其实也是一种策略，也是人生的一种大智慧。但是它需要更大的勇气和睿智。

爱钱忘命

永州这个地方的人都很会游泳。

一天，江水暴涨，有五六个人划着一只小木船横渡湘江。船到江中，忽然被一个大浪打翻，五六个人就拼命地向岸边游去，可是其中有一位使出全部的力气，也没游出多远。

同伴看在眼里，急在心上，连忙问他："平日里就你最会游泳了，今天是怎么了？"

他回答说："我腰上缠着四百两银子，太重了，所以游不动。你来帮帮我吧！"

同伴说："都这个时候了，还要银子做什么，赶快丢掉吧！"

他没有回答，只是摇头。

同伴们七嘴八舌地劝说，可是他还是执迷不悟。于是同伴们就先游上岸了。

不一会儿，他的力气就消耗得差不多了，更加游不动。已经爬上岸的同伴们气喘吁吁，着急地对他大喊："你好愚蠢啊，怎么爱钱都爱到这个份儿上了！命都顾不上了，还要钱干什么？"他还是摇头不做声。

一个大浪打来，他被淹没了。同伴们等啊等啊，但是他再也没有露出水面。

永不贬值的 20 美元

在一次讨论会上，一位著名的演说家没讲一句开场白，手里却高举着一张 20 美元的钞票。面对会议室里的 200 个人，

在这个永州人看来，生命诚可贵，金钱价更高。我们在嘲笑这个永州人的时候，有没有想过，我们是否也曾经为了金钱而失去一些东西，比如友情，比如诚信。

他问："谁要这 20 美元？"

一只只手举了起来。他接着说："我打算把这 20 美元送给你们中的一位，但在这之前，请准许我做一件事。"他说着将钞票揉成一团，然后问："谁还要？"仍有人举起手来。他又说："那么，假如我这样做又会怎么样呢？"他把钞票扔到地上，又踩了一脚，并且用脚碾它。尔后，他拾起钞票，钞票已变得又脏又皱。"现在谁还要？"还是有人举起手来。"朋友们，你们已经上了一堂很有意义的课。无论我如何对待那张钞票，你们还是想要它，因为它并没贬值，它依旧是 20 美元。人生路上，我们会无数次被自己的决定或碰到的逆境击倒、欺凌甚至碾得粉身碎骨，我们觉得自己似乎一文不值。但无论曾经发生什么，或将要发生什么，在上帝的眼中，你们永远不会丧失价值。在他看来，肮脏或洁净，衣着齐整或不齐整，你们依然是无价之宝。"

快乐与金钱

清朝山西太原有一个商人，生意做得很大，家里很有钱。他天天从早晨打算盘熬到深更半夜，累得他腰酸背痛头晕眼花，夜晚上床后又想着明天的生意，一想到成堆的白花花的银子就兴奋激动。这样，白天忙得不能睡觉，夜晚又兴奋得睡不着觉。久而久之，这个人患上了严重的失眠症，银子再多也没办法买一夜安稳的睡眠。他虽然很有钱，但是对地方上的事情漠不关心，既不愿出力更不愿出钱，在地方上口碑很差。

他隔壁住着一户靠做豆腐维持生计的小两口，每天清早起来磨豆、点浆、做豆腐，说说笑笑，快快活活，甜甜蜜蜜。墙

这边富人在床上翻来覆去，摇头叹气，对这对穷夫妻又羡慕又嫉妒，他的夫人也说："老爷，我们这么多银子有什么用，整天又累又担心，还不如隔壁那对穷夫妻活得开心。"

他早就认识到自己还不如穷邻居生活得轻松洒脱，等他夫人话一说完就说："他们因为穷才这样开心，一旦富起来，他们就开心不起来了，你看吧！我很快就让他们笑不起来。"说着翻下床去，从钱柜里抓了几把金子和银子，扔到邻居豆腐房的院子里。那夫妻俩正在边唱歌边磨豆腐，忽然听到院子里"扑通""扑通"地响，提灯一照，只见满地是金光闪闪的金子和白花花的银子。两口子惊呆了，他们怎么也想不到这些金银是隔壁的富人扔过来的。天下哪有这样的好事呢？都以为是上天送来的横财。他们连忙放下豆子，慌手慌脚地把金银捡起来。他们从来没有见过这么多的金银，这些财宝该怎么处置呢？夫妻俩商量了一夜。

第二天早上，老头没有听到歌声，他得意洋洋地对夫人说："怎么样，他们不唱歌了吧，他们已经尝到富有的滋味了。"

这天中午，豆腐房的旁边支起了一个凉棚，凉棚下面摆满了各种各样的好吃的。很多无家可归的乞丐都在这里饱餐了一顿。他们对这对小夫妻感激不尽，纷纷问他们哪来的钱买这些好吃的，小夫妻一五一十地把昨晚的事情告诉他们。他们都说这对小夫妻心眼儿好，不贪财，将来一定长命百岁。这个情形让闻讯而来的富人看得目瞪口呆。

后来，这对小夫妻依然每天清早起来磨豆、点浆、做豆腐，说说笑笑，甜甜蜜蜜，每天唱着快乐的歌。

金箱银箱木头箱

很久很久以前，有一家人家，父母都死了，兄弟三人带着一个小妹妹过日子。

有一年，三个兄弟种地的时候，看见一个白胡子老头，老头告诉他们说："马上就要发大水了，你们快逃走吧！"这白胡子老头是个神仙，三兄弟就求神仙保佑他们。老头说："好吧，我答应救你们，但是，真正能救你们的，只有你们自己。我现在给你们三只箱子，一只是金的，一只是银的，一只是木头的，你们就躲在箱子里，但是，箱子只有三只，你们还有一个小妹妹，你们当中，谁愿意带着小妹妹？"

大哥说："我个子大，带不了她。"

二哥说："我太重了，带不动她。"

弟弟说："我愿意带她。"

老头用拐杖在地上点了三下，地里立刻冒出三只大箱子。大哥贪心，要了那只金箱子；二哥贪心，要了那只银箱子；剩下的木头箱子给了弟弟和妹妹。

老头又给了每人一只鸡蛋，叫他们夹在胳肢窝里，对他们说："什么时候听见小鸡叫，什么时候就可以揭开箱子盖。"说完，叫他们躲进箱子。他们刚关上箱子盖，洪水就来了。

三只箱子在洪水里漂呀，漂呀，整整漂了七天七夜。大哥胳肢窝里的蛋壳破了，小鸡在叫，他便把金箱子的盖打开。小鸡被风一吹，变成了一只金色的母鸡。金母鸡对大哥说："我每天生一个金蛋。生一个蛋，洪水就会退下去一尺，生到第10个蛋时，洪水就全部退下去了，这样，你就得救了。但是，金箱子本来就很重，多一个金蛋，就会增加10斤的重量，当生到第9个金蛋时，箱子就会沉下去。所以，你至少要先扔掉一个金蛋。只有这样，才能得救……"说完，"咯，咯，咯……"金母鸡生了一个金蛋。

大哥看见金光闪闪的金蛋欢喜得不得了，心想："才第一个金蛋，没关系，箱子不会沉的。"他把金蛋抱在怀里，舍不得扔到水里去。第二天，第三天……都是这样。到了第九天，大哥看着怀里九个金光闪闪的金蛋，心想："9个金蛋增加了90斤，箱子并没有沉下去，再增加一个金蛋，也不过添了10斤的分量，箱子就会沉下去吗？"到了第九天的半夜，他还是舍不得扔掉一个金蛋。"哈哈！我要发大财了！"就这样，他睡着了，做起了美梦。

第10天清晨，天还没有亮，金母鸡生下了第10个金蛋就飞走了。金母鸡刚飞走，箱子就沉了下去。大哥的美梦还没有做醒，就被淹死了。

二哥的蛋里是一只银母鸡。银母鸡对二哥说："我每天生10个银蛋。生10个蛋，洪水就会退下去一尺，生到第100个蛋时，洪水就全部退下去了，这样，你就得救了。但是，箱子很小，装下你和我后，就装不下100个银蛋了。所以，当我生到90个银蛋时，你无论如何要把再生下来的蛋扔到水里去。只有这样，箱子才不会翻掉。"说完，"咯，咯，咯……"银母鸡连着生了10个银蛋。

二哥看见银光闪闪的银蛋欢喜得不得了，心想："才10个银蛋，没关系，箱子不会沉的。"他把银蛋抱在怀里，舍不得扔到水里去。第二天，第三天……都是这样。到了第九天，银蛋在箱子里堆得满满的，二哥连伸脚的地方都没有，他只能坐在银蛋上面。箱子在水里摇摇晃晃的，危险极了。望着脚下90个银光闪闪的银蛋，二哥心想："90个银蛋放在箱子里，箱子并没有翻掉，再增加10个银蛋，箱子就会翻掉吗？"到了第九天半夜，他还是舍不得扔掉一个银蛋。"哈哈！我要变成富翁啦！我可以做一个银器店老板了！"就这样，他睡着了，做起了美梦。

第10天清晨，天还没有亮，银母鸡生下最后10个银蛋就飞走了。银母鸡刚飞走，箱子就翻了个身。二哥的美梦还没有做醒就掉到了河里，二哥也死了。

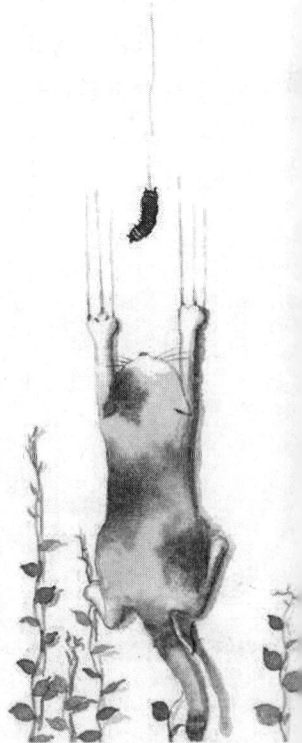

小兄弟的鸡蛋里面钻出来的是一只普通的母鸡，每天生几只普通的鸡蛋，兄妹俩肚子饿的时候就吃鸡蛋。木头箱子是不会沉到水里去的，兄妹俩也没有遇到什么麻烦。

10天之后，洪水退掉了，兄妹俩回到了村子里，过着普通而平静的生活。

一枚卢布

据说从前在一个小村里住着一个铁匠，他只有一个儿子。从小父母就对这个唯一的儿子十分疼爱，儿子每天从早到晚除了吃喝就是睡觉，成了村子里出名的懒汉。虽然他长得很健壮，但是什么活都不肯干。就这样，懒汉靠父亲辛勤劳动挣来的钱度过了20年。

时间一天天地过去，铁匠渐渐地老了，铁锤已经不听他的使唤了。他深感死神已经离他不远，更加担心自己的儿子。

一天早上，铁匠把儿子叫到床前，伤心地对儿子说："想不到，我生了你这样一个懒儿子！我劳动了一生，辛辛苦苦挣得了这个铁匠铺，而你却不能用自己的双手养活你自己。"

"得了，挣几个钱又不是什么大事。"儿子不耐烦地说。

"你说什么？"父亲气得站了起来，"你自己去挣挣看！要是你能靠自己的劳动挣到了钱，哪怕是一枚卢布，我就把全部遗产留给你。如果挣不来，那我什么也不会留给你，哪怕是一个铁钉！"父亲斩钉截铁地说道。

怎么办呢？懒儿子想：如何才能既不劳动又能得到父亲的遗产呢？

孩子的母亲舍不得儿子出去干活，便悄悄地对懒儿子说："儿子，乖！妈妈给你一枚卢布。你明天出去玩一天，晚上回来时装成工作了一天的模样，把这枚卢布交给你的父亲。"

第二天一早，母亲叫醒了儿子，儿子便告别父母出门了。

他来到一块平坦的草地上，拿出了母亲给他准备好的干粮袋，葡萄酒、面包、干酪应有尽有，他美美地饱餐了一顿，就躺在草地上睡着了。到了晚上，他回到家里，把手里的一枚卢布交给了父亲。

"爸爸，这是我挣来的一枚卢布。挣这枚卢布可真不容易呀，我累得腿都快要断了！"

老铁匠看了一眼装模作样的儿子，把卢布放在手里掂了几下，想说什么但是又忍住了，顺手把这枚卢布扔进了熊熊燃烧的铁炉。

儿子无所谓地笑了一下："哼，不相信算了，我可是想睡觉了。"说完走进了屋子。

第二天，母亲趁铁匠出门的时候，又偷偷地拿出一枚卢布给儿子，并对他说："这样吧，你傍晚回来时一路跑回来，这样就会显得很累，又流着汗，你爸爸就会真的相信你是工作了一天挣回一枚卢布啦。"

懒儿子不情愿地答应着，拿了钱，带了母亲给他准备的吃的喝的又上路了。他走进了树林，一路走，一路吃，欣赏美丽的风景。

到了该回家的时候，他按照母亲说的话，拼命地跑了起来。当他到家时，已经大汗淋漓，衣服都被汗水湿透了。他气喘吁吁地把一枚卢布交给父亲，一屁股倒在椅子上，说："哎哟，这枚卢布挣得可真不容易呀，我都快要累死了。"

父亲拿着钱，看了看儿子，然后像上次一样把卢布扔进了铁炉。

儿子见状，无动于衷，父亲生气地说："儿子，你又在欺骗我！这枚卢布不是你劳动挣来的，你休想骗我。"

儿子望着铁炉，满不在乎地说："你不相信算了，我也没有办法！"

夜深了，母亲躺在床上翻来覆去怎么也睡不着。她想，不

能总把钱白白地扔进炉子，儿子却还是得不到遗产。

第二天早上，母亲叫醒儿子，对他说："儿子呀，我想了一晚上，看来是得干活了。如果你不出去工作，去挣一枚卢布的话，恐怕真的得不到遗产了。"

儿子也想不出其他的办法，只好听母亲的话。他带着行李来到了镇上，在一个小店里给人家当伙计，扫地、挑水、搬东西……几天下来，累得腰酸背痛，挣了一枚卢布。

儿子兴奋地跑回家，高兴地走到父亲的面前，把一枚卢布交给他。

"不，儿子，你还在欺骗我！"父亲看也不看，一把就把钱扔进了铁炉。

这回儿子忍不住了，他"呼"地冲向了铁炉，拼命地从炉灰中扒出那枚卢布，哭着说："不是的，爸爸。我为了挣这枚卢布，整整劳动了一个星期，累得腰酸背痛！你却要烧掉我劳动得来的钱！"

父亲看着儿子，高兴地笑了：

"孩子！这次我相信你了！过去你对别人的钱从来不知道珍惜，烧了也不心疼。而这是你自己劳动挣来的钱，你当然会珍惜了！"老铁匠抚摸着儿子的头说："孩子，要记住，只有劳动你才能幸福，好吃懒做，即使钱再多也帮不了你！"

从此以后，儿子变了。他踏踏实实地跟着老铁匠学手艺，不久就成了村子里出名的小铁匠，父亲也把全部的遗产都留给了他。

人生最大的资本

30年前，美国华盛顿一个商人的妻子，在一个冬天的晚上，不慎把一个皮包丢在一家医院里。商人焦急万分，连夜去找。因为皮包里不仅有10万美金，还有一份非常重要的文件。

当商人赶到那家医院时，他一眼就看到，医院清冷的走廊里，靠墙根蹲着一个冻得瑟瑟发抖的瘦弱女孩，在她怀中紧紧抱着的正是妻子丢的那个皮包。

原来，这个叫琳娜的女孩，是来这家医院陪病重的妈妈治病的。相依为命的娘儿俩家里很穷，卖了所有能卖的东西，凑来的钱还是仅够一个晚上的医药费。没有钱明天就得被赶出医院。晚上，无能为力的琳娜在医院走廊里徘徊，她天真地想求上帝保佑，能碰上一个好心人救救她妈妈。突然，一个从楼上下来的女人经过走廊时腋下的一个皮包掉在地上，可能是她腋下还有别的东西，皮包掉了竟毫无知觉。当时走廊里只有琳娜一个人，她走过去捡起皮包，急忙追出门外，那位女士却上了一辆轿车扬长而去了。

琳娜回到病房，当她打开那个皮包时，娘儿俩都被里面成沓的钞票惊呆了。那一刻，她们心里都明白，用这些钱可能治好妈妈的病。妈妈却让琳娜把皮包送回走廊去，等丢包的人回来取。妈妈说："丢钱的人一定很着急。人的一生最该做的就是帮助别人，急他人所急；最不该做的是贪图不义之财，见财忘义。"

她们俩不仅帮商人挽回了 10 万美金的损失，更主要的是那份失而复得的重要文件，使商人的生意如日中天，不久就成了大富翁。

虽然商人尽了最大的努力，琳娜的妈妈还是抛下了孤苦伶仃的女儿。

被商人收养的琳娜，读完了大学就协助富翁料理商务。虽然富翁一直没委任她任何实际职务，但在长期的历练中，富翁的智慧和经验潜移默化地影响了她，使她成了一个成熟的商业人才。到富翁晚年时，他的很多意向都要征求琳娜的意见。

富翁临危之际，留下一份令人惊奇的遗嘱：

"在我认识琳娜母女之前我就已经很有钱了。可当我站在

感 悟
ganwu

人生最大的资本不是金钱，而是至高无上的人生准则——良好的品行。

83

贫病交加却拾巨款而不昧的母女面前时，我发现她们最富有，因为她们恪守着至高无上的人生准则，这正是我作为商人最缺少的。是她们使我领悟到了人生最大的资本是良好的品行。我收养琳娜既不是为知恩图报，也不是出于同情，而是请了一个做人的楷模。有她在我的身边，我会时刻铭记，哪些该做，哪些不该做，什么钱该赚，什么钱不该赚。这就是我后来的业绩兴旺发达的根本原因，我成了亿万富翁。我死后，我的亿万资产全部留给琳娜继承。这不是馈赠，而是为了我的事业能更加辉煌昌盛。"

· 大牛与金币的故事 ·

感悟
ganwu

金钱有价，快乐无价。为了有价的金钱牺牲无价的快乐，是最不可取的。

大牛很快乐，大牛是地球上最快乐的叫花子。"我为什么要不快乐呢？我每天都能讨到填饱肚子的食物，甚至有时还能讨到一截好香肠；每天还有这座破庙可以遮风避雨；我不为其他的人做工，我是自己的主人。我为什么不快乐呢？"大牛这样回答那些羡慕他的人。这样回答问题的大牛总是快乐得像个天使。

可是有一天，大牛脸上的快乐突然丢失了。那是因为，在一天上午，大牛在回破庙的路上捡到一袋子金币，准确地说是99块金币。

其实拾到金币的那个晚上，大牛是最最快乐的。"我可以不做叫花子了，我有了99块金币！这够我吃一辈子了！99块，哈！我得再数一数。"大牛怕这是一个梦，不敢睡觉，直到第二天太阳出来时他才相信这是真的。

第二天，大牛很晚也没有走出破庙，他要把这99块金币藏好，这真的需要费一番工夫。"这钱不能花，我得攒着。我要是拥有100块金币就好了。我要拥有100块金币。"从来没有什么理想的大牛现在开始有了理想，他还需要一块金币，这

对一个叫花子来说，绝对是一个非常远大的理想。

半晌午大牛开始讨钱，一分一分的；中午他很饿，他只讨了一点儿剩饭；下午，他很早就"收工"了，因为他得用更多的时间守着他的金币。

"还差95分。"晚上他反复地数着他的金币，他开始忘记了饥饿。一连几天，大牛都这样子度过，这样度日的大牛就再也没有吃饱过，同时也再没有快乐过。

攒钱越来越难了。原因是别人愿给剩饭而不愿给钱，还因为大牛用来讨钱的时间越来越少了，当然也因为他不快乐了，别人也不愿再施舍给他了。

"大牛，你为什么不快乐了？"

"咱是叫花子，快乐个啥！"

"你原先可不这样。"

"……"

大牛越来越忧郁，越来越苦闷，也越来越瘦弱了，终于有一天大牛病倒了，这一病大牛就几天没有起来。这几天里大牛就想着一件事：还差20分就攒足100块金币了。

"大牛，你没有收到我的金币？！你为什么不去看医生？"突然，一个富商找到破庙里生命垂危的大牛。"什么？"大牛惊问。"大牛，你的快乐，是你的快乐救过我。三年前，我在一次买卖中赔尽了家产，我正准备自杀，我见到了快乐的你，我明白了身无分文的人也能过快乐的生活。后来，我就东山再起了，赚了很多钱，那一次，我带着99块金币出来游玩，见到你，就把钱丢到了你要经过的路上，可是你现在为什么还做叫花子呢？为什么不快乐呢，生了病为什么不拿钱去看医生呢？"

"我想拥有100块金币，还差20分，只差20分。"

富商从腰里取出一块金币给他，大牛接过来，把钱装进袋里，然后又全部倒出来，很细心地数。他终于有100块金币了，而且还多80分。大牛笑了，然后就昏倒了。

这时一个游僧路过这里，见到昏倒的大牛，向富商问明了情况，便开始为他诊治。

"什么？你又给了一块金币？"

"是的！"

"这下完了！"

"怎么了？"

"因为他有了99块金币的时候，就会希望有100块金币。你得向他索回那99块金币，这样他或许有救。你送给他99块金币，你使世界上少了一个天使；你又拿出一块金币送给他，这就使世界上少了一个生命。"

富商试了试大牛的鼻子，大牛果然已经断气。

· 魔鬼的金钱 ·

奇里村长决心亲手除掉魔鬼，使村民们不再受苦。

他便沿着草原去寻找魔鬼。突然迎面走过来一个人，他们俩互相问好致意，那人问到："你上哪里去？"

"我要去找魔鬼。"村长回答说。

"为什么？"

"因为他害苦了我们，我要除掉他，解救村民。"村长说。

这时对方说："我就是魔鬼。"

村长愣了一下，就向对方猛冲过去，俩人在草地上扭打。奇里把他打倒在地，抽出短刀，准备杀死他。但魔鬼及时止住了他，说：

"等一下，村长，你可以杀死我，但先听我说几句话。"

"快说！"村长道。

"你如果杀了我，没有一点好处，但你如果放过了我，你会有好处的。"

"有什么好处？"村长问。

"如果你不杀我，那么每天早上你会发现枕头底下有 20 卢比，直到你生命的最后一刻。"魔鬼说。

奇里村长听了这话，手里的刀慢慢放下了，他想：对呀，我杀死了他，又有什么好处呢？世界上不止他一个魔鬼。但是如果我饶了他的命，我每天就可以得到 20 卢比。村长想到这里，决定不杀死魔鬼，并跟魔鬼定了协议，然后就放走了他。

第二天清晨，奇里果真发现枕头底下有 20 卢比。村长庆幸自己没做傻事。

连续一个星期，村长每天都能从枕头下面发现 20 卢比，他对谁也没有说，牢牢地守着这个秘密。他想：我轻而易举地就控制了他的财产。

一天早上，村长醒来就照例把手伸到枕头底下，但是没有钱。村长想，恐怕是魔鬼忘了吧，明天一定会有的。

就这样过了两天、三天都没有！这时，村长火了，这真是个不守信用的魔鬼！他决定去找魔鬼算账。

在上次他们见面的草原上，他们又遇上了。

"你这个骗子，你为什么不守诺言？"村长气愤地说。

"我怎么得罪了你？"魔鬼问。

"你答应我每天给我 20 卢比，可是，我已经连续一个星期没有收到钱了。"

"我说村长，"魔鬼说，"是这样的，如果你觉得不满意的话，我们决斗好了。"

村长很相信自己的力量，上次他没费什么力气就征服了魔鬼。但是，这一次，魔鬼很轻易地举起村长，把他重重地摔倒在地上，拿起刀对准他的胸口，准备下手。

村长说话了："你可以杀死我，但我必须问你一个问题。"

"说吧！"魔鬼恶狠狠地说。

"两个星期之前，我们交过手，那时我轻易地就战胜了你，但是现在，你为什么那么容易就战胜了我呢？"

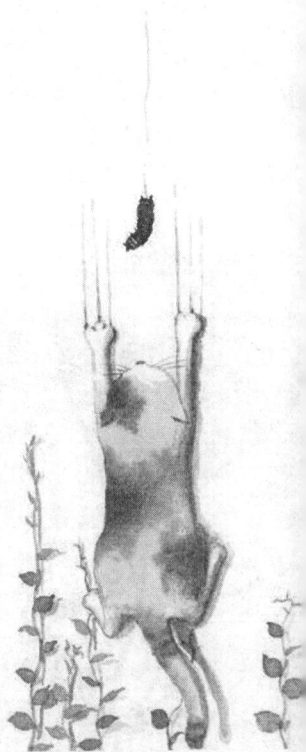

"啊，第一次决斗你胜了，那是因为你是为正义而来，而这一次你却是为了向我要钱而来，是为了得到不应得的好处，所以我轻易胜了你。"

·"黄金"梦·

阿巴斯是一个穷苦的农民，他不愿意这么累地干活，更不愿意自己老是这么穷，总是巴望着有一天自己能摆脱贫穷。

一个大热天，阿巴斯又在田里干活，他感到又渴又疲劳，便在树荫下躺了下来，他自言自语地说："如果上天给我一种魔力，使我手触到的东西都变成黄金，那该多好啊！我就不用这么辛苦地干活了。"

话音刚落，突然有个声音在说：

"阿巴斯！上天就要实现你的愿望了。只要你把手放在任何物品上，它马上就会变成黄金。"

阿巴斯惊呆了，他试着从地上拾起一块小石头，只见他用手轻轻一碰，天哪！石头马上就变成了黄金。他又碰了一块石头，石头马上又变成了黄金。阿巴斯高兴极了，他想：我要马上进城去，把所有的灰尘和石头都变成金子，然后买许多田，在河岸上造一座宫殿，四周有花园。我还要买很多骏马，给它们穿上漂亮的衣服。

想到这里他马上想站起来，但他根本动不了，浑身就像散了架一样，又累又渴又饿。于是他想起了早晨从家里带来的东西，便伸手从包里拿出一块饼，但放进嘴里的饼却变成了金子。

袋里还有两颗大蒜，阿巴斯又去拿大蒜，但当他的手碰到大蒜后，大蒜也变成了金子。就这样，他的手碰到什么，什么就变成了黄金。他有点后悔了，对刚才自己的想法甚至有些害怕：在这一片只有金子的世界里，我怎么生活啊？这样下去，

很快就会渴死饿死的。

阿巴斯越想越害怕，突然，他惊醒了，睁开眼睛，看见自己正躺在树荫底下，这才明白自己原来是在做梦。他深深地叹了一口气，自言自语地说：

"幸好这一切都是一场梦！"

金钱与诚信

2003年的"五一"长假，我是在外婆家度过的。早晨，我照例很早起床，开始晨跑。一边欣赏赤水河畔的美丽风光，一边等着太阳的出现。很快我到了镇上。今天正好是赶集的日子。这会儿天还早，街上却已是人山人海了。想到买点菜回去，为外婆分担点家务，也未尝不是件好事。于是我也随着人群向里面挤去，在一个摊位边蹲了下来。我拿了两个南瓜，掂了掂，真重啊！"这是最早的南瓜了。"一个中年模样的人说。看样子他是摊主，旁边还跟着一个小女孩，看得出是中年人的女儿。

中年人说道："小伙子，买菜吧，这南瓜是刚摘的，新鲜。"小女孩急着对中年人说："爸爸，咱们回去吧！"中年人发火了，冲着小女孩一顿大吼，小女孩哭泣着走了。

我买了两个南瓜，逛了一圈，又往回走。太阳也出来了。由于车多，我走在人行道上，突然摔了一跤。南瓜摔在地上，开了花，溅得满地是水。我就奇怪了："这南瓜注了水?!"

于是，我气冲冲地往回跑，要去找那个中年人算账，没注意刚才那个小女孩正在河边玩。她看见我，叫道："大哥哥，"我回过头来，她说，"你刚才是不是买了我们的南瓜?"我说："是啊，怎么了?"她接着说："其实……"她还没说出口，我就抢着说："那南瓜注了水。"她低下头说道："原来你知道了，我一直反对爸爸这样做的，还希望你能原谅他。"我对她说：

感悟
ganwu

金钱可以买到很多东西，但是它并不能换取一切，比如诚信。诚信千金也难买。

"做生意的原则就是诚信,这比金钱更贵重,如果你觉得我是对的,你就把这话告诉你爸……"

当晚,我做了一个梦,我又来到镇上,同样看到了那个中年人。他见我,高兴地说:"小伙子,谢谢你,你是对的,我……"

57 美分的力量

这是发生在美国费城的一个真实故事。

一个星期天,一名小女孩被拦在了一座小教堂的外面,因为这个教堂的神职人员对她说里面"太小太挤",容不下那么多的小朋友。一想到其他小朋友可以在里面听牧师讲课,而自己却不能参加星期日学校,小女孩就禁不住伤心地哭泣起来。这时,教堂的牧师恰巧经过这里,这个小女孩的哭声引起了他的注意,就停下来问小女孩为什么伤心地哭泣。

"他们不让我进星期日学校。"小女孩边哭边回答。

牧师仔细打量了一下这个小女孩,看到她穿得破破烂烂,衣衫不整,头发也十分零乱,立刻就明白她被拒之门外的原因了。于是,牧师拉着她的手把她带进了教堂,在星期日学校里给她找到了一个位置。小女孩非常高兴,因为她终于能和其他小朋友一起在星期日学校里听牧师讲课了。

原来,这个小女孩家境贫寒,和父母在租来的一间破烂的房子里艰难度日。后来,牧师和这个小女孩成了忘年交。两年后,这个小女孩不幸离开了人世。她的父母十分伤心,于是就把小教堂的牧师请过来向女儿做最后的告别。当他们移动小女孩的遗体时,从小女孩的身上突然掉下了一个被揉得皱皱巴巴的、破烂不堪的红色小钱包,它看起来像是从垃圾堆里捡来的。钱包里共有57美分,而且还有一张小纸条。纸条上面写着:"我要把这些钱捐献出来,用

感 悟
gǎnwù

57美分是微不足道的,但是,它却产生了巨大的力量。在这背后,是人们的爱心和无私的奉献。

来帮助扩建小教堂，这样更多的小朋友就能够上星期日学校了。"

当牧师看完这张纸条时，已是泪流满面了。后来人们才知道，小女孩为积攒这 57 美分，已足足攒了两年的时间。尽管生活是如此艰难，但她还是节约下了这 57 美分。牧师把这张小纸条和 57 美分带到了教堂里，在布道时向众人讲述了这个感人的故事，人们无不为小女孩的无私奉献和专注投入的精神所感动。

牧师向教堂的执事建议，为了星期日学校能够容纳更多的孩子，为了不落下教区里的每一名儿童，他们应该扩建这座小教堂，扩建教堂的资金可以从社会上募集。

故事到此还没有结束。当地的报纸得知小女孩的故事后，用大幅版面详细报道了小女孩的事迹。一个富裕的房地产商读到这篇文章后，决定把一块价格不菲的地皮卖给这个小教堂，售价仅为 57 美分。事情进一步传扬开去，教区的人们纷纷捐赠，捐赠的支票从四面八方向小教堂寄来。不到五年的时间，捐款已从小女孩最初捐赠的 57 美分增加到了 25 万美元。这一数额在 20 世纪初可是一笔非常巨大的财富。

在小女孩事迹的感召下，费城相继捐资建立了坦普尔大教堂、坦普尔大学、撒马利亚医院。扩建后的星期日学校每次可容纳上千名儿童。在这些建筑物里，都有一间房子专门用来陈列这个小女孩的画像，画面上的小女孩是那么的可爱。

这个小女孩用 57 美分创造了博爱的历史。她的爱心和无私奉献的精神影响了一代又一代的人。

幻想也是财富

我们身边总有一些喜欢幻想的人，他们对任何事情都喜欢提出一些看上去不合逻辑的奇怪想法，他们的想法常常被当做笑料传播。不过，就在大家的笑声中，他们却获得了成功。

幻想也是巨
大的财富。千万
不要轻视和嘲笑
你身边那些耽于
幻想的人，说不
定哪一天，他的
异想天开会变成
现实，让我们所
有的人目瞪口呆
让我们都保持一
点幻想的能力。

"越南战争"期间，美国好莱坞曾经举办过一场募捐晚会，由于当时的反战情绪比较强烈，募捐晚会以 1 美元的收获而收场。在这次晚会上，一个叫卡塞尔的小伙子一举成名，他是苏富比拍卖行的拍卖师，这唯一的 1 美元就是他募得的。在晚会现场，他让大家选出一位漂亮姑娘，然后由他来拍卖这位姑娘的吻，最后，他终于募到难得的 1 美元。当好莱坞把这 1 美元寄往越南前线的时候，美国的各家报纸都进行了报道。

这无疑是对战争的嘲讽，多数人也都把它当做一个笑料。然而德国的猎头公司却发现了这位天才，他们认为卡塞尔是棵摇钱树，谁能运用他的头脑，必将财源滚滚。于是建议日渐衰落的奥格斯堡啤酒厂重金聘请他为顾问。1972 年，卡塞尔移民德国，受聘于奥格斯堡啤酒厂。在那里，他果然不断有奇思妙想，他甚至开发出美容啤酒和沐浴用啤酒，这使奥格斯堡一夜之间成了全球销量最大的啤酒厂。

而卡塞尔最引人注目的举动是 1990 年，他以德国政府顾问的身份主持拆除柏林墙。这一次，他让柏林墙的每一块砖都变成了收藏品，进入全世界 200 多万个家庭和公司，创造了城墙售价的世界纪录。

20 美金的价值

一位父亲下班回到家很晚了，很累并有点烦，发现他 5 岁的儿子靠在门旁等他。"爸，我可以问你一个问题吗？"

"什么问题？""爸，你一小时可以赚多少钱？""这与你无关，你为什么问这个问题？"父亲生气地说。

"我只是想知道，请告诉我，你一小时赚多少钱？"小孩哀求道。"假如你一定要知道的话，我一小时赚 20 美金。"

"哦，"小孩低下了头，接着又说，"爸，可以借我 10 美金吗？"父亲发怒了："如果你问这问题只是要借钱去买毫无意义的玩具或东西的话，那你就赶快上床睡觉。好好想想为什么你

会那么自私。我每天长时间辛苦工作着，没时间和你玩小孩子的游戏。"

小孩安静地回到自己的房间并关上门。

父亲坐下来还在生气。约一小时后，他平静下来了，开始想着他可能对孩子太凶了，或许孩子真的很想买什么东西，再说他平时也很少要过钱。

父亲走进小孩的房间："孩子你睡了吗？""爸，还没，我还醒着。"小孩回答。"我刚刚可能对你太凶了，"父亲说，"我将今天的气都爆发出来了——这是你要的 10 美金。"

"爸，谢谢你。"小孩欢叫着从枕头下拿出一些被弄皱的钞票，慢慢地数着。

"为什么你已经有钱了还要？"父亲生气地问。

"因为这之前不够，但我现在足够了。"小孩回答，"爸，我现在有 20 美金了，我可以向你买一个小时的时间吗？明天请早一点回家——我想和你一起吃晚餐。"

· 100 美元的故事 ·

暑假终于到了，约翰迫不及待地往家乡赶，他要去看望奶奶。

奶奶是德国人，爷爷是美国人，他们在一起幸福地生活了大半辈子。奶奶不懂英语，只会说德语，除了爷爷和家人，她不愿意跟别人交流。更糟糕的是，她患有白内障，视力非常差。去年，爷爷去世了，奶奶不愿意离开他们共同生活的地方。约翰和父母都放心不下奶奶，他们不知道，孤单的奶奶将来该如何生活。给爷爷办完丧事，约翰父母临走前给奶奶留下了一个可以异地存款的存折和 100 美元现金。

看到孙子，奶奶非常高兴，她挎上菜篮子说："我去买你最爱吃的鳕鱼。"然后她去了窗台，约翰看到窗台上放了一大

与你所爱的人分享这价值 20 美金的时间——真情无价，我们应该花一点时间来陪那些在乎我们、关心我们的人。真情，是组成人生交响乐的最重要的乐章。

真诚的付出一定会有真诚的回报。真诚和信任的举动，其实也是一种无声的教育，它会变成善的种子在人们的心底生根发芽，并不断地延续，世界因此也会变得更加美好。

把钱，有零有整，奶奶把钱全部拿在手里就出去了。

"钱怎么能放在窗台上呢？只要窗子一开，别人随手就能拿走。"约翰想。等奶奶回来，他就让奶奶把钱放到了电视柜上面，奶奶说："没必要，我这一年还从没丢过钱呢。"但她还是采纳了孙子的建议。

第二天，奶奶买了东西回来，还是顺手把钱丢在了窗台上，约翰再次帮她收拾好了。

第三天，奶奶依然如故。约翰知道这是习惯使然，他再次从窗台上拿起奶奶买东西找回的钱放到了电视柜上，并顺便把那些钱清理了一下。在清理的时候，他发现了一个奇怪的现象：奶奶的钱增加了！他记得第一次清理的时候是368美元，可现在三天过去了，奶奶买了不少东西，钱数却变成了405美元。

难道奶奶口袋里还有钱？可他明明看到，奶奶每次出门前都是从窗台或电视柜上把钱全部拿走，回来后再全部丢在窗台上，她身上应该不会有钱，增加的钱是从哪儿来的呢？

晚上，约翰接到了爸爸的电话。爸爸说，他前几天查了一下奶奶的账户，发现奶奶从没取过他们汇的钱。奶奶手里只有他们走时留下的100美元现金，这一年来她是怎么生活的呢？约翰知道，小镇上的生活费标准每月最低也得1 000多美元，就算奶奶再节约，也不可能100美元用一年啊！

约翰把爸爸的疑问说了一遍，奶奶茫然地看着那叠钱说："我也不知道是怎么回事，我不会从银行取钱，我也不认识美元，我不知道那是多少。"

奶奶不懂英语，不认识美元，约翰是知道的，他不明白的是，奶奶是怎么用钱买东西的，奶奶说："我每次买东西时总是把手里的钱全都给卖东西的人，让他们自己拿钱和找钱，我想别人是不会坑我这个老太太的。"哪有这样买东西的？约翰感到很可笑。他决定跟踪奶奶一次，看她究竟是怎么买东西的。

第二天，约翰悄悄地跟在奶奶后面。果然，奶奶买水果

时，一下子把钱全拿出来，让卖水果的人自己拿钱。约翰发现卖水果的人从奶奶手里拿出了一张 10 美元的钞票，却放回了两张 5 美元的钞票，他等于没收奶奶的钱！接下来，他看到的情况都差不多，有不收奶奶钱的，还有多找奶奶钱的……

约翰的眼睛湿润了。他明白了，这都是小镇上的人们在帮助无依无靠的奶奶！

约翰找到了镇长，感谢小镇人一年来对奶奶无声的照顾。镇长说："以前都是你爷爷跟别人打交道，他去世后，你奶奶开始进入大家的生活。刚开始小镇的人还都对这个怪老太太非常奇怪，后来才知道她根本不认识钱。没人愿意欺骗一个不认识钱且完全信任别人的人，于是就出现了这种现象。其实，不是我们在帮她，而是她在帮我们。小镇上原来也有坑蒙拐骗现象，自从碰到对人没有丝毫防备的约翰太太后，这种现象就没有了。要感谢的人，应该是你奶奶啊！"

金子的故事

从前，有户纳西人家，生活穷困。父亲已经病了好些天，再也借不到钱。家里能卖的东西都卖了。一天早上，儿子醒来，他清楚地记得梦中玉龙雪山的那边有个小镇，小镇上有成堆的金子。他高兴极了，便把这个梦讲给家人听。

为了这个家，他要去找那些金子。家人都劝说他放弃这个想法，因为那里是个鸟不拉屎的地方，而且，他可能会被埋在雪山上。犹豫再三，为了父亲，他决定冒这个险。一切都不出所料，玉龙雪山冰天雪地，儿子冻得不住地发抖，他都有点想放弃了，但是一想到父亲，就重振精神。他坚持着，翻过了雪山，历经千难万险终于到达了玉龙雪山的那个小镇。

天哪！这里不但非常贫穷，而且还闹土匪。土匪们见到这个奄奄一息的人，一哄而上，把他身上的所有东西都抢光了。这时，有两个骑马的人正好路过，把土匪赶跑了。骑马人发现

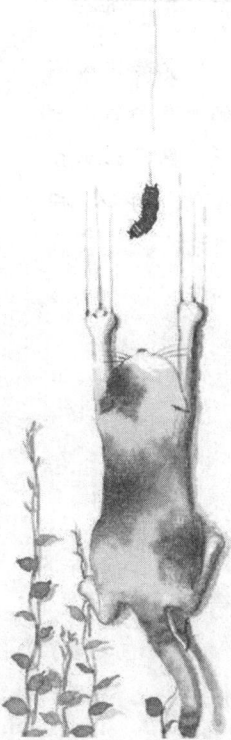

他是外乡人，就问他为什么要跑到这种穷地方来。儿子告诉他们，他从丽江来是因为父亲，并且他梦到这里有成堆的金子。老骑马人听了哈哈大笑："我还梦到在丽江那种大城市里，有个小院，有三棵海棠树，树下有一个水池，水池底下就有成堆的金子呢！年轻人，快回去吧，这里什么也没有。"

另一个年少的骑马人望着渐渐远去的背影，忍不住问："他那么有孝心，又勇敢，你为什么要这样对待他呢？"年纪稍长的那位骑马人笑了笑，说："你不追寻，怎么能得到，你不困惑，怎么能顿悟！给你说一件我年轻时的事吧……"

一个冬天的傍晚，冰天雪地，我和我的老师向一户富人家借宿。富人夫妇瞧我们风尘仆仆，衣服穷酸样，连行李都没有，很不情愿地让我们住在柴房。还好，柴房里有很多干草，所以不会太冷。老师看到墙上有个洞，就上去把墙补好了。第二天，我和老师继续赶路，天黑了，又到一户穷人家投宿。夫妇俩看我们风尘仆仆，很累了，连忙让我们进屋，他们实在没什么东西，仅有的两个馒头也给了我们，那晚一觉睡到大天亮。第二天一早，我们被哭声惊醒。昨晚，穷人唯一的一头猪突然死了，我看看老师，可他什么也没做就走了。我忍不住问他："你为什么不帮帮他们？你不是还帮那家富人补墙的吗？怎么忍心看他们断了生活的来源呢？"

老师说："我帮富人夫妇补墙，是因为我看到墙洞里有一大堆金子，不能让有贪念的人拥有它，而昨晚，妖魔来取穷人的命，是我用那头猪顶替了他。"

"你要用心看世界，而不是眼睛，你看到的并不像你想的那样。"老师接着说。

后来，纳西人的儿子确实找到了金子，不过不是在雪山那边的小镇，而是在他家的后院，他家后院就有三棵海棠树和一个水池。

感悟
ganwu

贪婪的人不配拥有金钱，金钱只愿意让正直善良的人拥有它。

鲜花与金钱的故事

自从传言有人在萨文河畔散步时无意间发现金子后，这里便挤满了蜂拥而来的淘金者。他们都想成为百万富翁、千万富翁，于是挖遍了整个河床，还在河床上挖出很多大坑，希望能找到更多的金子。的确，有一些人找到了，但是更多的人却一无所获，只好扫兴而归。

也有不甘心的，便驻扎在这里，继续寻找。彼得·弗雷特就是其中的一个。他在河床附近买了一块没人要的土地，一个人默默地工作。他为了找金子，已把所有的钱都押在这块土地上了。他埋头苦干了几个月，直到土地全变成了坑坑洼洼。他失望了——他翻遍了整块土地，但连一丁点儿金子都没看见。6个月以后，他连买面包的钱都没有了。于是他准备离开这儿到别处去谋生。

就在他即将离开的前一个晚上，天下起了倾盆大雨，并且一下就是三天三夜。雨终于停了，彼得走出小木屋，发现眼前的土地看上去好像和以前不一样：坑坑洼洼已被大水冲刷平整了，松软的土地上长出一层绿茸茸的小草。

"这里没找到金子，"彼得忽有所悟地说，"但这土地很肥沃，我可以用来种花，并且拿到镇上去卖给那些富人。他们一定会买些花装扮他们的家园。如果这样的话，那么我一定会赚许多钱，有朝一日我也会成为富人……"

彼得仿佛看到了将来，自信地说："对，我就种花！"

于是，他留了下来。彼得花了不少精力培育花苗，不久土地里长满了美丽娇艳的鲜花。

他拿到镇上去卖，那些富人一个劲儿地称赞："瞧，多美

天道酬勤，只有勤劳才能采集到真正的"金子"，用你的劳动去获得你想要的，比幻想你想得到的更重要。

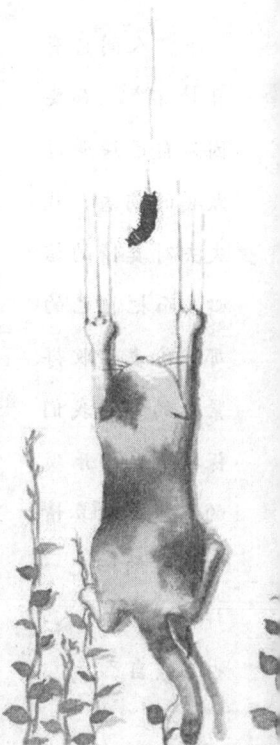

the花，我们从没见过这么美丽的花！"他们很乐意付少量的钱来买彼得的花，以便使他们的家变得更富丽堂皇。

5年后，彼得终于实现了他的梦想——成了一个富翁。

出租乞讨位

有个老者，在一家商场门口乞讨已经三年了。这个位置很好，人流量大，还不会淋到雨吹到风。

这年秋天，老乞丐病了。他原以为是场小病，扛一扛就会过去，可一天早上，他怎么都起不了床。就这样，一连躺了三天。

老乞丐很着急，虽然他口袋里有些钱，但大多数都攒了起来，准备寄给家里的孩子们，因此手头上并不宽裕；而且，他现在不能动弹，他住的地方，只怕连鬼都摸不着门。再这样拖下去，他只能是死路一条。

就在第四天早上，只听"吱呀"一声有人推门进来，他抬头一看：认识，是街对面乞讨的小乞丐！都说同行是冤家，这一老一少也不例外，小乞丐曾经跟他争过位子，但被他赶走了。

小乞丐看见他的样子，着实吃了一惊，马上出去买了几片药。老乞丐吃下药，又吃了小乞丐弄来的饭，感觉好了一些，但还是下不了床。他抚着两条没有知觉的腿，伤感地说："我算完了！"

"师傅福大命大，休息一段时间就会好的！"小乞丐忽然转转眼睛，安慰他说，"师傅，我有个主意，你那个位子空着也是空着，不如租给我，从今天起，我就上你那位子乞讨，每天讨来的钱我们对半分，行不行？"

感悟

"人间自有真情在"，不要因为自己遭遇过欺骗的伤害，就失去对真情的信心，而把自己的那一份真情收得紧紧的。让我们保持真诚、乐观的态度，让真情像灿烂的阳光一样，温暖别人，也温暖自己。

98

老乞丐一听，第一个反应就是认为小乞丐有点儿傻。他反正不能动，小乞丐即便是占了他的位子，他又能怎样呢？

可他没说出口，只是不动声色地点点头，说："等我腿脚好了，你还得把位子还给我。""好的！"两人算是达成了口头协议。

就这样，小乞丐每天晚上都到老乞丐家，把一天讨得的钱都拿出来，一五一十地点个数，然后，分给老乞丐一半。

老乞丐心存感激，但也有不满：这个小乞丐给他的钱，怎么只有这么点呢？心想，这个鬼精灵，不知打下了多少埋伏呢！

都说穷人命硬，此话不假。养了三个月，老乞丐愣是站了起来。他第一个想法就是，找小乞丐要回他的位子，因为小乞丐分给他的钱已经越来越少了。

老乞丐走出家，一直走到他乞讨的地方。然而，令他大吃一惊的是，那地方成了一片繁忙的工地，那家商场已是一片废墟。他找人问了一下才知道，就在他生病的第二天，这条街就开始扩建了。

然而，他清楚地记得，小乞丐昨天晚上还在分钱给他。小乞丐既然没有"租"他的位子，叫为什么还要分钱给他呢？

老乞丐那久经风霜的心忽然颤抖了一下，干涸了几十年的泪腺，又涌出了晶亮的泪珠……

晚上，小乞丐仍平静地拿出他的钱袋，正要打开，老乞丐伸手握住他冰凉的小手，从贴身的地方摸出一本存折，放到小乞丐的手里，说："孩子，你还小，上学去吧……"

用智慧创造财富

很多年以前，在奥斯维辛集中营里，一个犹太人对他的儿子说："现在我们唯一的财富就是智慧，当别人说一加一等于二的时候，你应该想到大于三。"纳粹在奥斯维辛毒死了几十万人，父子俩却幸运地活了下来。

1946年，他们来到美国，在休斯敦做铜器生意。一天，父亲问儿子一磅铜的价格是多少？儿子说是35美分。父亲说："对，整个得克萨斯州都知道每磅铜的价格是35美分，但作为犹太人的儿子，应该说成是3.5美元，你试着把一磅铜做成门把看看。"

20年后，父亲死了，儿子独自经营铜器店。他做过铜鼓，做过瑞士钟表上的簧片，做过奥运会的奖牌。他曾把一磅铜卖到3 500美元，这时他已是麦考尔公司的董事长。然而，真正使他扬名的，是纽约州的一堆垃圾。1974年，美国政府为清理给自由女神像翻新扔下的废料，向社会广泛招标。但好几个月过去了，没人应标。正在法国旅行的他听说后，立即飞往纽约，看过自由女神下堆积如山的铜块、螺丝和木料后，未提任何条件，当即就签了字。

纽约许多运输公司对他的这一举动暗自发笑，因为在纽约州，垃圾处理有严格规定，弄不好会受到环保组织的起诉。就在一些人要看这个犹太人的笑话时，他开始组织工人对废料进行分类。他让人把废铜熔化，铸成小自由女神像；把水泥块和木头加工成底座；把废铅、废铝做成纽约广场的钥匙。最后，他甚至把从自由女神身上扫下来的灰包装起来，出售给花店，不到3个月的时间，他让这堆废料变成了350万美元现金，每

磅铜的价格整整翻了1万倍。

生在犹太家庭里的孩子在他们的成长过程中，负责启蒙教育的母亲们几乎都要求他们回答一个问题："如果有一天你的房子被烧了，你的财富就要被人抢光，那么你将带着什么东西逃命？"

孩子们少不更事、天真无知，自然会想到钱这个好东西，因为没有钱哪能有吃的穿的玩的？也有孩子说要带着钻石或者其他珍宝出逃，有了它，还愁缺啥？可这些显然不是母亲们所要的答案。她们会进一步问："有一种没有形状、没有颜色、没有气味的宝贝，你知道是什么吗？"要是孩子们回答不出来，母亲就会说：

"孩子，你要带走的不是钱，也不是钻石，而是智慧。因为智慧是任何人都抢不走的。你只要活着，智慧就永远跟着你。"在聪颖、精明的犹太人眼里，任何东西都是有价的，都能失而复得，只有智慧才是人生无价的财富。

·5块钱·

美国的海关里，有一批没收的脚踏车，在公告后决定拍卖。拍卖会中，每次叫价的时候，总有一个10岁出头的男孩喊价，他总是以5块钱开始出价，然后眼睁睁地看着脚踏车被别人用三四十元买去。拍卖暂停休息时，拍卖员问那小男孩为什么不出较高的价格来买。男孩说，他只有5块钱。

拍卖会又开始了，那男孩还是给每辆脚踏车相同的价钱，然后被别人用较高的价钱买去。后来聚集的观众开始注意到那个总是首先出价的男孩，他们也开始察觉到会有什么结果。直到最后一刻，拍卖会要结束了。这时，只剩一辆最棒的脚踏

不愿意出价的群众是可爱的。大家都很默契地帮助小男孩完成他的心愿，这不就是人性可爱又温暖的一面吗？温暖人心的真情，才是最有价值的。

车，车身光亮如新，有多种排档、十段杆式变速器、双向手刹车、速度显示器和一套夜间电动灯光装置。

拍卖员问："有谁出价呢？"这时，站在最前面，而几乎已经放弃希望的那个小男孩轻声地再说一次："5块钱。"拍卖员停止唱价，只是停下来站在那里。

这时，所有在场的人全部盯住这位小男孩，没有人出声，没有人举手，也没有人喊价。直到拍卖员唱价三次后，他大声说："这辆脚踏车卖给这位穿短裤白球鞋的小伙子！"

此话一出，全场鼓掌。那小男孩拿出握在手中仅有的5块钱钞票，买了那辆毫无疑问是世上最漂亮的脚踏车时，他脸上流露出从未见过的灿烂笑容。

第 **4** 章

身处逆境——扬起你的斗志

在这个社会上，有谁没有遭遇过挫折的打击，有谁没有经受过逆境的考验？

面对从来没有承受过的挫折，身处从未想象过的逆境，我们该怎么办？

胆小退缩，还是勇往直前？

每个人都有自己的选择。

胆小退缩的人可能会求得一时的平安，但是，他从此将裹足不前。

勇往直前的人可能会摔得满身伤痛，但是，他领略到了生命中精彩的对决，在今后的路上会走得更加顺利，更加平稳。

其实，生命的意义就在于拼搏的历程。

胆小退缩是懦夫之举，勇往直前才是勇者所为。

拿一把锋利的剑，在逆境之中披荆斩棘，让信心和勇气做我们冲锋的号角，让所有的困难在我们面前瑟瑟发抖，我们才是生活的主人。

让我们一路征战，一路歌！

·残缺的完美·

一帆风顺的人生谁都想拥有，但是，命运却总不如你想像中完美。当上帝不小心在你面前投下一颗石子，与其抱怨它阻碍了你前进的道路，不如越过它，重新享受你美好的人生，奏一曲生命的礼赞。

当马丽和翟孝伟那震撼人心的舞蹈在"中国达人秀"的舞台表演完毕后，场上响起了雷鸣般的掌声，这掌声不仅是观众被他们精湛的舞技折服所发出的，更是对他们对生命的不懈追求的高度认可。

马丽出生在河南省驻马店市一个普通的工人家庭里，从小就喜欢舞蹈的马丽中学毕业之后考上了艺校，艺校毕业之后又考入了青岛市艺术团，从此，马丽成为了一名专业的舞蹈演员。

似乎一切看上去都很顺利，马丽的每一次付出都得到了回报。然而，1996年夏天，马丽休假回河南老家看望父母，一次意外的车祸让马丽的命运发生了改变。

马丽在医院醒来的时候，爸爸、妈妈、姐姐、哥哥都在旁边，他们的脸上挂着泪珠。马丽疑惑地问："你们这是怎么了?"当她想坐起来一撑时，她一下全蒙了。后来她才知道，由于受伤导致骨骼组织感染坏死，她的右臂被截肢了，那年她19岁。

就这样，马丽把自己封闭在家里整整一年的时间，这一年里，她渐渐学会了自理，马丽开始想要走出家门了。2002年，马丽带着梦想一个人来到了北京，去寻找新的发展。来到北京之后，马丽加入了几个残疾人艺术团体，演出的机会也逐渐多了起来。在北京的这段日子，顽强的马丽学到了更多的东西，也让她看到了更大的舞台。并且，在这个过程中，她逐渐找到了自己的风格，再也不像从前那样仅仅是模仿别人的风格了。

2005年，马丽回到河南省残联编排了《牵手》这支舞蹈，参加了第六届全国残疾人文艺汇演。这次比赛，马丽获得了金奖。

马丽想带着《牵手》登上"中国达人秀"的舞台，她希望能找一个好搭档，此时她遇到了翟孝伟。

孝伟4岁那年，也是因为一场车祸，左腿被截肢了。马丽第一次见到孝伟的时候，他刚刚成为河南省残联的一名预备运动员，正在选择训练项目，还没有确定以后的发展方向。马丽

的出现，给他的命运带来了改变。当看见马丽的时候，他立刻被深深吸引了：一个没有胳膊的女孩，跳起舞来却如此投入、如此动人，他觉得自己全身的毛发都竖起来了。21岁的孝伟被马丽的舞蹈震撼了，于是他下定决心跟马丽学习舞蹈。

就这样，马丽既是老师，要教孝伟跳舞；又是姐姐，要照顾孝伟的生活。两年的时间让他们的配合越来越有默契，舞蹈也越来越成熟了。就这样，他们在"中国达人秀"的舞台上、在全国观众的面前，演绎了他们"残缺的完美"。

或许命运对他们是不公平的，可是，谁又能保证人的一生不会遇到这样或那样的挫折。与其在逆境中一味地消沉、堕落，不如逆流而上，用你坚强勇敢的心搏击命运的洪涛骇浪，让苦难向你低头，在命运面前昂起你高贵的头颅。

·安徒生的故事·

1805年，欧登塞城的一个贫苦鞋匠家里诞生了一个看上去平凡得不能再平凡的男孩子，他，就是19世纪著名童话作家、世界童话之父——安徒生。

尽管他的相貌并不出众，他的家境并不富裕，他的家庭并不十分幸福，所谓"是金子总会发光的"，逆境中，他的才华却正在一步步地被人们所接受，被世界所承认。11岁时，作为家庭支柱的父亲病逝了，酷爱文学的他只好独自一人来到丹麦首都哥本哈根，开始了艺术领域的奋斗生活。

终于，在一次偶然的机会中，他的才华得到了释放，获得了免费上大学的机会，这对于一个家境贫寒的青年来说是一次难得的机会！5年后，1828年，他考入了哥本哈根大学。毕业后始终没有工作，主要靠稿费维持生活。1838年获得作家奖金——国家每年拨给他200元非公职津贴。

从此，他开始专注于童话创作，一篇又一篇的优秀作品接连不断地问世。如果说他在文学创作上获得了一连串的成就，那么他自己的生活就是一洼洼低谷。自幼贫穷，早年丧父，终身未娶。命运给他的一个个悲惨遭遇告诉了我们：他的灵魂是

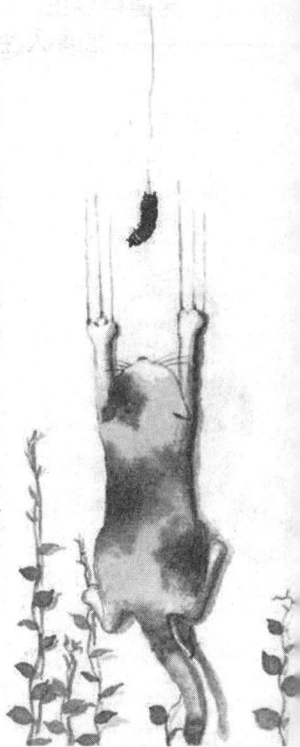

感悟 ganwu

安徒生背负着常人难以忍受的苦痛，用不懈的奋斗追求理想，用伟大的灵魂为世界创造着快乐与愉悦。逆境，对他来说，只是生活中跨过的一个个台阶。

多么的坚忍而伟大！

童年时代，请不起家庭老师，父亲就亲自给他上课，教他哲理，让他懂得了世间情怀，懂得了珍惜生活，也学会了写作。安徒生自己是如此的贫穷，却时刻关心着比他更穷苦的人；自己的遭遇如此不幸，却还不断地安慰那些受苦受累的人。他的作品，虽不能帮他摆脱痛苦，却能让更多的人重新找回生活的信念。可以说，安徒生的一生都是在逆境中度过的，贫穷、孤独、悲痛的窘境无时无刻不在伴随着他；也可以说，他的一生都是在与命运的抗争中度过的。为世间带来了一丝温暖，为孩子们带来了幸福与欢乐，自己生活在寒冷的冬天也在所不惜。

他，是一个从不绝望，勇于奋斗的人。他的灵魂无比的高贵。最终，人们终于通过他发出的呼喊听到了他那高贵的灵魂。世界曾经抛弃了他，他却从不放弃世界；人们曾经对他不理解，他却总是体恤人们；命运对他不公平，他却始终以笑相待。多么高贵的灵魂！多么宝贵的精神！多么伟大的生命！

虽然，他很早地离开了这个世界，但他的故事却成为逆境中的一个个路标！

"逆境"之中，你像什么?

面对失去生活信心的女儿，善解人意的父亲变戏法一样的在厨房里做试验。滚沸的开水恰如人生中的困境，经过它的考验，人生才能显出真正的光彩。

一个女儿对她的父亲抱怨，说她的生命是如何的痛苦、无助，命运对她是如何的不公。她是多么的想健健康康地活下去，但是她已经失去了方向，整个人惶惶然不知所措，只想放弃，获得解脱。她已经厌烦了抗拒、挣扎，但是问题似乎一个接着一个，让她毫无招架之力。

当厨师的父亲二话不说，拉起女儿的小手走进厨房。他烧了三锅水，当水开了之后，他在第一个锅子里放进萝卜，第二个锅子里放了一个鸡蛋，第三个锅子中则放进了咖啡。

满脸疑惑的女儿不解地望着父亲，而父亲只是轻轻地握着她的小手，示意她不要讲话，静静地看着锅里滚烫的开水，以炽热的温度烧滚着锅里的萝卜、蛋和咖啡。

过了一段时间之后，父亲把锅里的萝卜、鸡蛋捞起来分别放进碗中，把咖啡过滤之后倒进杯子，问："宝贝，你看到了什么？"女儿的回答很简洁："萝卜、鸡蛋和咖啡。"

父亲把女儿拉近，要女儿摸摸经过沸水烧煮的萝卜，萝卜已被煮得稀烂；他要女儿拿起煮过的鸡蛋，敲碎硬硬的蛋壳，让她细心地观察着这个水煮蛋；然后，他又要女儿尝尝咖啡，女儿笑了起来，喝着咖啡，闻着浓浓的香味。女儿谦虚地问："爸爸，这是什么意思？"

父亲充满耐心地解释给女儿，这三样东西面对相同的逆境，也就是滚烫的开水，反应却各不相同，原本粗硬、坚实的萝卜，在滚水中却变软了，变烂了；这个蛋原本非常脆弱，它那薄硬的外壳起初保护了它的蛋液，但是经过滚水的沸腾之后，蛋壳内却变硬了；而粉末状的咖啡却非常特别，在滚烫的热水中，它竟然改变了水。"那么，我的女儿，你是什么？"

父亲慈爱地抚摸着已长大成人，却一时失去生活勇气的女儿的头："当逆境来到你的门前，你会怎么样呢？你是看似坚强的萝卜，当痛苦与逆境到来时却变得软弱不堪，失去坚韧的力量吗？或者你原本是一个蛋，有着柔顺易变的心？你是否原本是一个有弹性、有潜力的灵魂，但是却在经历死亡、分离、困境之后，变得顽固而僵硬？也许你的外表看来坚硬如旧，但是你的心和灵魂却变得又苦又倔又固执呢？或者，你就像是咖啡？咖啡将那带来痛苦的沸水改变了，当它的温度高升到一百多度时，水变成了美味的咖啡，当水沸腾到最高点时，它就愈加美味。"

飞蛾的痛苦经历

生物学家说，飞蛾的蛹包在茧里的时候，翅膀萎缩，十分柔软；在破茧而出的时候，必须经过一番痛苦地挣扎，身体中的体液才能流到翅膀上去，翅膀才能坚实有力，才能支持它在空中飞翔。

一天有个人凑巧看到树上有一只茧开始活动，好像有蛾子要从里面破茧而出，他饶有兴趣地准备见识一下由蛹变蛾的过程。于是他就静静地站在树边，默默地看着蛾子的蜕变过程。

随着时间一点点的过去，他的耐心受到极大的考验，他渐渐地变得有些不耐烦了，对他来说，这个过程太慢了。只见蛾子在茧子里奋力挣扎，将茧子扭来扭去，但却一直挣脱不开茧的束缚，似乎是再也不可能破茧而出了。对蛾子来说，这个过程太痛苦了，太漫长了。

最后，他失去了观察的耐心，就用一把小剪刀，把丝剪断，把茧子的洞口剪得更大，让蛾出来的时候更容易一些。果然，不一会儿，蛾子没费多大气力就从茧子里爬了出来。但是身体失去了优雅，变得臃肿不堪，翅膀也萎缩了，耷拉在两边伸展不起来。

他等着蛾子飞起来，但那只蛾子却只是跌跌撞撞地爬着，怎么也飞不起来，又过了一会儿，它就死了。

为了一个梦

感悟
ganwu

当人们让这位作家谈谈获奖的感受时，他说："没有什么感受！我只知道，当你说'我就喜欢做这件事，多困难我都不在乎'时，上帝会抽出身来帮助你。"这也是身处逆境的搏击者对付逆境的最好方法。

他是一位匈牙利木材商的儿子，由于从小生得笨头笨脑，人们都喊他"木头"。12岁时，他做了一个梦，梦到有个国王给他颁奖，因为他写的文章被诺贝尔看上了。当时，他很想把这个梦告诉谁，又怕人嘲笑，最后只好告诉了最爱他的妈妈。

妈妈说，假若这真是你的梦，你就有出息了！我曾经听说，当上帝把一个美好的梦想放在谁心中时，他是真心地想帮助谁完成的梦想。

男孩信以为真，非常高兴。从此他真的喜欢上了写作，勤勤恳恳，笔耕不辍。

"倘若我经得起考验，上帝一定会来帮助我的！"他怀着这份信念开始了他的写作生涯。

三年过去了，上帝没有来；又三年过去了，上帝还是没有来。就在他期盼上帝前来帮助他的时候，可恶的希特勒的部队来了。因为他是犹太人，被送进了集中营，受尽无数苦难。

在集中营里，600万犹太人失去了生命，他幸运而又坚强地活了下来。1965年，他历经磨难，终于写出他的第一部小说《无法选择的命运》；1975年，他又写出他的第二部小说《退稿》；接着他又创作了一系列的文学作品。

就在他不再关心上帝是否会帮助他时，瑞典皇家文学院宣布：把2002年的诺贝尔文学奖授予匈牙利作家凯尔泰斯·伊姆雷。他听到后，大吃一惊，因为这正是他的名字；但他却又异常地平静，他知道，上帝迟早会来的。

山谷的起点

有一天，一位闷闷不乐的中年妇女上门来找我，说她正为孩子的功课而烦恼，并且把孩子的各门功课的优缺点都仔细地说了一遍。她一边诉说，一边叹气，一副家门不幸的样子。看着她的样子，真是让人哭笑不得，真是可怜天下父母心。

她一直不断说下去。我没有打断她的意思，耐心地听她讲述自己教育孩子的故事。看着她满脸愁容，我忍不住插了一句。我带着安慰的语气对她说："孩子的功课应该由孩子自己烦恼才对呀，你这样会让孩子觉得很有压力。不是吗？"她低下头去，一副为难的样子，说："先生，您不知道，我的孩子考试考了全班第40名，可是他们班上只有40个学生。我真不知道怎么办才好，童先生帮我想想办法，怎样才能提高孩子的学习成绩？"

为了舒缓一下她紧张的神经，我便开玩笑地说："如果我是你，我一定会很高兴。"这位妇女感到很奇怪："为什么呢？为什么会感到高兴呢？"看着她紧张奇怪的样子，我说："因为你想想看，从今天开始，你的孩子再也不会退步了，他绝对不会落到第41名呀！你说对吗？"

中年妇女听了绽颜而笑，她似乎明白了我的意思。我继续说："这就好像爬山一样，你的孩子现在是山谷底部的人，唯一的路就是往上走，只要你停止烦恼，鼓励他，陪他一起走，

感悟 *gǎnwù*

最容易被人忽略的是，山谷的最低点正是山的起点。许多走进山谷的人所以走不出来，正是因为他们停住了前进的双脚，只知道蹲在山谷烦恼哭泣的缘故。

他一定会走出来。"过了不久，这位中年妇女打电话给我，向我道谢，她的孩子成绩果然不断往上升。

没有鱼鳔的鱼

有一位年轻人，因为家里贫穷而没读多少书。后来他便去了城里，想找一份养家糊口的工作。可是他发现城里没一个人看得起他，因为他没有文化。就在他下决心要离开那座城市的时候，忽然想起给当时很有名的银行家罗斯写一封信。于是他在信里抱怨了命运对他的不公，他还说："如果您能借一点钱给我，我会先去上学，然后再去找一份好工作。"

信寄出去了，他无所事事，便一直待在旅馆里等罗斯先生的回信。几天过去了，他花尽了身上的最后一分钱，也将行李打好了包。就在这时，房东说有他的一封信，是银行家罗斯写来的。令他疑惑的是，罗斯先生并没有对他的遭遇表示丝毫的同情和怜悯，而是在信里给他讲了一个故事。

罗斯先生说，在浩瀚无边的海洋里生活着各种各样的鱼，那些鱼都有鱼鳔，但是唯独鲨鱼没有鱼鳔。没有鱼鳔的鲨鱼照理来说是不可能活下去的。因为它的行动极为不便，而且很容易沉入水底，在海洋里它只要一停下来就有丧生的可能。为了生存，鲨鱼只能不停地游动。很多年后，鲨鱼拥有了强健的体魄，成了同类中最凶猛的鱼。最后，罗斯先生还说，这个城市就是一个浩瀚的海洋，拥有文凭的人很多，但成功的人很少。你现在就是一条没有鱼鳔的鱼……

那晚，他思绪万千，躺在床上久久不能入睡，一直在思考着罗斯先生的话。突然，他改变了决定，下定决心留在这个城市里。第二天，他跟旅馆的老板说，只要给一碗饭吃，他可以留下来当服务生，而且一分钱工资都不要。旅馆老板不相信世上有这么便宜的劳动力，很高兴地留下了他。10年后，他拥

感悟 *ganwu*

逆境可以是前进的台阶和动力。为了使自己不沉入海底，只有拼命地游动，练就一身本领，遨游于生活之中。

有了令全美国羡慕的财富，并且娶了银行家罗斯的女儿为妻，他就是石油大王哈特。

"丑小鸭"陈景润

40多年前，一篇轰动全国的报告文学《哥德巴赫猜想》，使得一位数学奇才一夜之间街知巷闻、家喻户晓。在一定程度上，这个人的事迹甚至还推动了一个尊重科学、尊重知识和尊重人才的伟大时代早日到来。

他的名字叫陈景润。

然而，陈景润曾是一个"丑小鸭"。

陈景润1933年出生在一个邮局职员的家庭，刚满4岁，抗日战争就开始了。不久，日寇的狼烟烧至他的家乡福建，全家人仓皇逃入山区，孩子们进了山区学校。父亲疲于奔波谋生，无暇顾及子女的教育。陈景润在六兄妹中排行老三，上有兄姐，下有弟妹，照中国的老话说就是"中间小囡轧扁头"，加上他长得瘦小屏弱，其不受父母喜爱、手足善待的情形便可想而知。

在学校，沉默寡言、不善辞令的他处境也好不到哪里去：不受欢迎、遭人欺负，时时无端挨人打骂。可偏偏他又生性倔强，从不曲意讨饶以求改善境遇，不知不觉便形成了一种自我封闭的内向性格。

人总是需要交流的，特别是孩子。禀赋一般的孩子面对这种困境可能就此变成了行为乖张的木讷之人，但陈景润没有。对数字、符号那种天生的热情，使得他忘却了人生的艰难和生活的烦恼，一门心思地钻进了知识的宝塔。他要寻求突破，要到那里面去觅取人生的快乐。

经过艰苦卓绝的努力，他终于凭借着自己的天资和老师的悉心栽培，成为一个人尽皆知的大数学家，由"丑小鸭"蜕变成了美丽的"白天鹅"。

感悟
ganwu

逆境，对于懦弱者来说，是万丈深渊；对于勇敢者来说，是前进的动力。

向自己突围

生命是永远充满期待和希望的，它蕴涵着太多可能与无限的潜能，也存在着无数的沟坎和障碍，只有释放自己的潜能，才能自由自在地飞舞。

在所有能飞的动物里，大黄蜂是一个另类。据说，曾经有几位动物学家，一起探讨动物飞翔的原理，得出一致的结论：凡是会飞的动物，其形体构造必须是身躯轻巧而双翼修长的。话音刚落，恰巧数只大黄蜂飞临现场，在座的动物学家见状，顿时面面相觑，一阵尴尬。

对于生物界这种特殊的情况，这些生物学家产生了浓厚的兴趣。于是，他们带着一只制作良好的大黄蜂标本，前去请教一位物理学家。这位物理学家仔细地翻来覆去地观察，揣摩了半天。望着大黄蜂如此肥胖、粗笨的体态再配上一对短小的翅膀，最后也困惑地摇了摇头："不可思议，太不可思议了。根据流体力学原理，它应该是飞不起来的。对不起，各位专家，我实在没有办法弄明白。"

无奈之下，他们只好又请来了一位社会行为学家，不等听完他们的解释，这位社会行为学家就大笑了，不无幽默地说："这难道会是一个问题吗？答案很简单呀！奥秘就是：今生，它必须飞起来，否则，大黄蜂只有死路一条。"幸亏没有学过生物学，也不懂什么流体力学，否则，大黄蜂可能从此再也不想、也不敢飞起来了。

劣势？优势？

有一个10岁的小男孩，在一次车祸中不幸失去了左臂，但是他非常想学深爱着的柔道。

最终小男孩拜一位日本柔道大师为师，开始学习柔道。他学得不错，可是练了三个月，师傅只教了他一招，小男孩有点弄不懂了。

有一天，他终于沉不住气，忍不住问师傅："我是不是应

该再学学其他招数？就这一招我能对付对手吗？"

师傅平静地回答说："不错，你的确只会一招，但你只需要这一招就够了。"

小男孩并不是很明白其中的道理，但他相信师傅，于是就继续照着练了下去。

几个月后，师傅第一次带小男孩去参加大型比赛。小男孩自己都没有想到居然轻轻松松地赢了前两轮。第三轮稍微有点艰难，但是对手还是很快变得有些急躁，连连进攻，小男孩敏捷地使出自己的那一招，又赢了。就这样小男孩在不知不觉中就进入了决赛。

决赛的对手比小男孩高大强壮许多，也似乎更有经验。小男孩显得有点招架不住，裁判担心小男孩会受伤，就叫了暂停，还打算就此终止比赛，然而师傅不答应，坚持说："继续下去。"

比赛重新开始后，经过短暂的相持，对手就放松了警惕，小男孩出其不意，使出他的那一招，制服了对手，由此赢得了比赛，得了冠军。

回家的路上，小男孩和师傅一起回顾每场比赛的每一个细节，小男孩鼓起勇气道出了心里的疑问："师傅，我怎么就凭着一招战胜了这么多对手，赢得了比赛？"师傅高兴地答道："有两个原因：第一，你虽然只掌握了一招，但是这是柔道中最难的一招；第二，就我所知，对付这一招唯一的办法是对手抓住你的左臂。就这些。"

困境即是赐予

有一天，素有森林之王之称的狮子，来到了天神面前："我很感谢你赐给我如此雄壮威武的体格、如此强大无比的力气，让我有足够的能力统治这整片森林。"

天神听了，微笑地问："但是这不是你今天来找我的目的吧！看起来你似乎为了某事而郁郁寡欢，说吧，有什么事情困

感悟
ganwu

"塞翁失马，焉知非福"，小男孩虽然失去了左臂，在常人看来他是失去了学习柔道的先天条件，但是由于那位柔道师傅能从孩子的实际出发，发现问题的关键，小男孩最大的劣势居然也能变成最大的优势。

感悟
ganwu

一个障碍，就是一个新的已知条件，只要愿意，任何一个障碍，都会成为一个超越自我的契机。

113

扰了你，森林之王？"

狮子轻轻地吼了一声，说："天神真是善解人意！我今天来的确是有事相求。因为尽管我的能力再好，我的力量再大，可是每天鸡鸣的时候，我总是会被鸡鸣声吓醒。神啊！祈求您，再赐予我一种力量，让我不再被鸡鸣声吓醒吧！"

天神笑道："你去找大象吧，它会给你一个满意的答复的。"

狮子听了天神的指示，急匆匆地跑到湖边找大象，还没见到大象，老远就听到大象跺脚所发出的"砰砰"响声。

狮子加速地跑向大象，却看到大象正气呼呼地直跺脚。

狮子不解地问大象："谁惹你了，你干吗发这么大的脾气？告诉我，我会为你做主！"

大象拼命摇晃着大耳朵，怒吼着："有只讨厌的小蚊子，总想钻进我的耳朵里，害我都快痒死了。"

狮子悻悻地离开了大象，心里暗自想着："原来体型这么巨大的大象，还会怕那么瘦小的蚊子，那我还有什么好抱怨的呢？毕竟鸡鸣也不过一天一次，而蚊子却是无时无刻地骚扰着大象。这样想来，我可比他幸运多了。"

狮子一边走，一边回头看着仍在跺脚的大象，心想："天神要我来看看大象的情况，应该就是想告诉我，谁都会遇上麻烦事，而他并无法帮助所有人。既然如此，那我只好靠自己了！反正以后只要鸡鸣时，我就当做鸡是在提醒我该起床了，如此一想，鸡鸣声对我还算是有益处呢！"

命　运

有一天，西装笔挺的威尔先生在大街上碰到一个乞讨的盲人，盲人衣衫褴褛、穷困不堪。威尔先生很可怜他，随手就给他一张大钞。他正要准备走开，盲人急忙拉住了他，诉说着自己的不幸："您不知道，我并不是一生下来就瞎的。都是23年前希尔顿的那次事故！在那次事故中，我失去了自己的双眼。"

感悟 *ganwu*

命运对每个人都是公平的。有些人不屈服于命运的淫威，自己掌握了自己的命运；有些人为命运所左右，甘心做起了命运的奴隶。所以，即使相同的遭遇，也会有不同的命运。

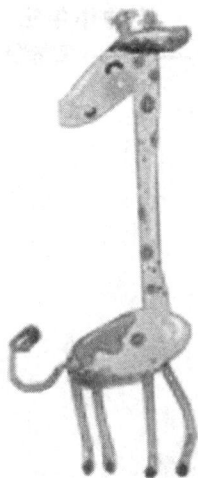

威尔先生心中一惊，急忙问道："你是在那次化工厂爆炸中失明的吗，是真的吗？难道你也是那次爆炸事故的幸存者吗？"

盲人以为找到了一位知音，迫不及待，激动地诉说当时的状况："是啊！当时，情况很危急，逃命的人群非常的拥挤。大家争先恐后挤在了门口。我也是好不容易才冲到门口，可是一个大个子在我的身后不断地推搡，大喊：'让我先出去！我还年轻，我不想死！'他把我推倒了，踩着我的身体跑了出去，我就失去了知觉，再后来我就不知道了……可是等我醒来，就成了瞎子。多么悲惨的事情啊！多么不幸的事情啊！"威尔先生一言不发地听完盲人的诉说，冷冷地说："事实恐怕不是这样的吧？你是说反了吧。"

盲人听了威尔先生的话，不由猛地一惊。威尔先生一字一顿地说："我当时也在希尔顿化工厂当工人，是你从我身上踏过去的。你说的那句话，我永远也忘不了！"

盲人不知所措，突然紧紧地抓住威尔先生的手臂，爆发出一阵凄惨地大笑："这就是命运啊！不公平的命运啊！你困在里面，没被炸死，却出人头地了；我跑了出去，却变成了瞎子。为什么？"威尔先生用力推开盲人的手，举起了手中精致的手杖，平静地说："你知道吗？我也是一个瞎子。你相信命运，可是我不信。仅此而已。"

把命运转换成使命

在古希腊神话中，有一个西齐弗的故事。

西齐弗因为在众神居住的天堂触犯了条律，被至高无上的大神惩罚，罚西齐弗到人世间来受苦受难。权威的大神对他做出的惩罚很严厉，惩罚是：要把一块巨大的圆石推上高高的山顶。于是，每天早上起来，西齐弗做的唯一的一件事情就是费尽气力把那块圆石推到山顶上，然后回家休息。可是，在他休息的时候，圆石在山顶站立不稳，又会自动地滚落下来。不得

已，西齐弗又要把那块巨大的圆石推上山头。长此以往，西齐弗面临着这样的困境：永无止境的失败。大神要惩罚西齐弗，也就是要蹂躏他的心灵，磨难他的躯体，使他在"永无止境的失败"命运中，受尽苦难。

可是，西齐弗从一开始就不肯认命，拒绝承认失败。每次，在他推着石头上山的时候，大神在耳边不断地打击他，告诉他这样是永远不可能成功的。西齐弗不肯被成功和失败的圈套困住，一心想着：推石头上山是我的责任。只要我把石头推上山顶，我的责任就尽到了；至于石头是否会滚下来，那不是我的事。

再进一步，当西齐弗努力推石头上山的时候，他心中波澜不惊，时时安慰自己：明天还有石头可推，明天就还有希望。

大神看到西齐弗如此的坚强和固执，知道这样的惩罚已经于事无补，于是大神就赦免了西齐弗，不得不放他回天堂了。

脱掉你的外套

小琼的期末考试考砸了。

中午，她到学校附近的一个花园里散步，她感到她的生活失去了颜色，变得暗淡无光。走到喷泉旁边，她看见一个漂亮的姑娘坐在喷泉旁边的一条长椅上默默出神。

一个小男孩站到姑娘的身后咯咯地笑，姑娘好奇地问小男孩，你笑什么呢？

"这条长椅的椅背是早晨刚刚漆过的，我想看看你站起来时后背是什么样子。"小男孩说话时一脸得意的神情。

小琼想，这下糟了，这个姑娘该遭那个小男孩嘲笑了。

只见那个姑娘一怔，想了想，指着前面对那个小男孩说："你看那里，那里有很多人在放风筝呢。"

小男孩听了，就转过脸去看，结果根本没有人在放风筝。

等小男孩发觉到自己受骗而恼怒地转过脸时，女孩已经把外套脱了拿在手里，她身上穿的鹅黄的毛线衣让她看起来更青

生活中的失意随处可见，真的就如那些油漆未干的椅背，总是在不经意间让你苦恼不已。但是如果已经坐上了，也别沮丧，以一种"猝然临之而不惊，无故加之而不怒"的心态面对，脱掉你脆弱的外套，你会发现，新的生活才刚刚开始！

春漂亮。

小男孩甩甩手，嘟着嘴，失望地走了。

小琼看到这一幕，心中豁然开朗。

· 等待的结局 ·

肖辉和陈辽是一对十分要好的朋友。有一天，二人约好，结伴横穿没有人烟的沙漠。

两人准备了一些必需品便出发了。沙漠的天气酷热难耐，二人走了好久，水不知不觉地喝完了，陈辽又中了暑，有些昏迷了，不能行动。肖辉身体健壮还能顶一段时间，但是同样他也是口渴难耐。他不甘心在这里等死，于是对陈辽说："好吧，你在这里等着，我去寻找水源。你一定要坚持住，等我回来。"他还把手枪塞到了陈辽手里说："枪里还有五颗子弹，记住，四个小时之后，每小时对空鸣枪一声，枪声会指引我，我会找到正确的方向，然后与你会合。相信我，一定会带水回来的。"

两人分手，肖辉充满信心地去找生命之水，陈辽却满腹狐疑地卧在沙漠里等待。他的心里充满了对死亡的恐惧和绝望。他不断地看表，按时鸣枪。除了自己以外，他很难相信还会有人听见枪声。他的恐惧在不断地加深，开始胡思乱想，认为肖辉找水失败，中途已经被渴死。不久，他又想肖辉已经找到了水，弃他而去，不再回来。在这样的状况下，他还是按时打完了四发子弹。

到应该击发第五枪的时候，陈辽悲愤地想："这是最后一颗子弹了，伙伴早已听不见我的枪声了，等到这颗子弹用完之后，我还有什么依靠呢？我只有等死而已。而且，我还有一口气的时候，可恶的兀鹰会啄瞎我的眼睛，那是多么痛苦，还不如……"他用枪口对准自己的太阳穴，扣动扳机。

可是不久，提着满壶清水的肖辉领着一队骆驼商旅寻声而至，他所找到的却是一具尸体。

感悟
ganwu

一旦身处逆境，便对生活失去勇气和希望，是最可悲的！只要有一线希望，我们都要努力抗争，永不屈服！

117

· 难忘的一刻 ·

有些事情并不像自己想像的那么严重。当你经历过更严重的事情后才知自己的境况其实还不是那么糟。所以，永远不要把自己当成那个最不幸的人，即使情况再糟糕，你会发现自己越来越勇敢。

那天的风雪真是非常的凶猛，窗外像是有无数只发疯的怪兽在吼叫着撕咬着。漫天的大雪尾随狂风肆虐着，恶狠狠地寻找攻击的对象。这幅景象非常的吓人。

教室的窗户早已失去作用，无法抵挡冬天的风雪。此时的教室里冷得像冰窖一样。大家都在不住地跺着脚，嘴里也不断地喊冷，读书的心思似乎已被冰冷冻住了。屋里只是一片跺脚声。

鼻头冻得发红的蔡老师从门缝里挤进了教室，在门外等待了许久的风雪破门而入，墙壁上的张贴画一鼓一鼓的，一下子被冲进的风雪卷向空中，又一个跟头栽了下来。

往日待人温和的蔡老师一反常态：满脸挂满了严肃甚至冷酷，就像屋外暴虐的天气。

原本闹哄哄的教室一下子就静了下来，我们诧异地望着蔡老师。

"请同学们穿好衣服，穿上胶鞋，大家都到操场上去。"

大家都被蔡老师的话惊呆了，几十双眼睛在问"为什么？"可是没人敢发出声来。

"我们要在操场上立正5分钟。"

即使蔡老师下了"不上这堂课，永远别上我的课"的恐吓之词，还是有几个娇滴滴的女生和几个"二流子"男生没有走出教室。

操场上一片空旷，风雪来去无阻。操场和水塘被雪连成了一个整体，白皑皑的一片。卷地而起的雪粒雪团呛得人睁不开眼张不开口。脸上像有无数把锋利的刀片划过，生疼生疼的。厚实的棉衣变得不堪一击，脚就像放到了冰水里边。

我们就像无助的麻雀一样纷纷挤在教室的屋檐下，都不肯迈向操场半步。

蔡老师什么都没有说，脸上的表情异常地坚定。他站在我

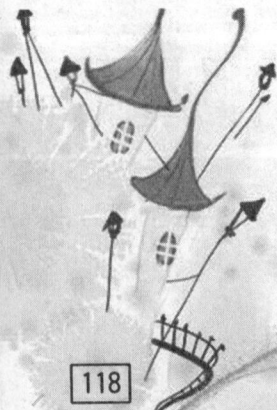

们对面，脱下羽绒衣，脱到一半的时候，风雪便帮他完成了。

"到操场上去，都站好了！"蔡老师冻得脸色苍白，憋足了气对我们说。

看到蔡老师身先士卒，谁也没有吭声。大家都老老实实地到操场排好了队伍。后来，我们规规矩矩地在操场站了 5 分多钟。再回到教室的时候，才知道原来教室真的很温暖。而且外面的风雪其实也没那么可怕，我们都觉得自己变得比以前勇敢了。

我终于赢了上帝

一位电台主持人在自己的职业生涯中遭遇了 18 次辞退，她的主持风格被人贬得一文不值。

最早的时候，她想到美国大陆无线电台工作。但是，电台负责人拒绝了她。

她来到了波多黎各，希望自己能有个好运气。但是她不懂西班牙语，为了熟练掌握和运用语言，她花了 3 年时间。在波多黎各的日子里，她最重要的一次采访是受一家通讯社委托，到多米尼加共和国去采访暴乱，然而差旅费还得她自己出。

在以后的几年里，她不停地工作，不停地被人辞退，有些电台指责她，说她根本不懂什么叫主持。

1981 年，她来到了纽约的一家电台，但是很快被告知，她跟不上这个时代。为此，她失业一年多，但她始终不曾放弃做一名出色主持人的梦想。

有一次，她向一位国家广播公司的人员推销她的清谈节目策划，得到了他的首肯。但是，那个人后来离开了广播公司。她又向另一位游说她的策划。此人虽然同意了，但他却不同意搞清谈节目，而让她搞一个政治节目。

她对政治一窍不通，但是她不想失去这份工作。她开始"恶补"政治知识，决定尝试一下。

1982 年夏天，她主持的以政治内容为主题的节目开播了。

感悟
ganwu

命运不是谁的恩赐，而是由我们自己把握。在别人怀疑的目光中找到自信的火种；在失望环绕的日子里寻找希望的绿色；在深陷阴影的时候抬头争取光明；在喧哗浮躁中更要找到属于自己的宁静。把握自己，永不妥协，坚持就一定会胜利。

她凭着娴熟的主持技巧和平易近人的风格，吸引了不少听众，并且，她鼓励听众打进电话自由讨论国家的政治活动，包括总统大选。

这在美国的电台史上是没有先例的。

她几乎在一夜之间成名，她的节目成为全美最受欢迎的政治节目。

她叫莎莉·拉斐尔，现在的身份是美国一家自办电视台的节目主持人，曾经两度获全美主持人大奖。每天有800万观众收看她主持的节目。

在美国的传媒界，她就像一座金矿，无论她到哪家电视台、电台，都会为其带来巨额的回报。

莎莉·拉斐尔说："我平均每1.5年就被人辞退1次，有些时候，我认为这辈子完了。但我相信，上帝只掌握了我的一半，我越努力，我手中掌握的另一半就会越强大，有一天，我终于赢了上帝！"

痛苦和盐

感悟
ganwu

把痛苦看成人生的全部，痛苦就是一杯苦涩的水。把承受痛苦的容积放大，痛苦就溶化在广阔的湖中。

印度有一个师傅对于徒弟不停地抱怨这抱怨那感到非常厌烦，于是在一天早上派徒弟去取一些盐回来。

当徒弟很不情愿地把盐取回来后，师傅让徒弟把盐倒进水杯里喝下去，然后问他味道如何。

徒弟吐了出来，说："很苦。"

师傅笑着让徒弟带着一些盐和自己一起去湖边。他们一路上没有说话。来到湖边后，师傅让徒弟把盐撒进湖水里，然后对徒弟说："现在你喝点湖水。"

徒弟喝了口湖水。师傅问："有什么味道？"

徒弟回答："很清凉。"

师傅问："尝到咸味了吗？"

徒弟说："没有。"

然后，师傅坐在这个总爱怨天尤人的徒弟身边，握着他的手说："人生的苦痛如同这些盐，有一定数量，既不会多也不会少。所以当你感到痛苦的时候，就把你的承受的容积放大些，不是一杯水，而是一个湖。"

掉在地上的冰淇淋

小男孩高兴地拿着一个大蛋卷冰淇淋，一边走一边吃，好不快活。忽然一个不小心，整个冰淇淋掉到地上，散成一片。男孩呆在那里不知所措，甚至也哭不出来，只是睁大了眼睛看着一地的冰淇淋。

这时有个老太太走过来，看到了这一切。她弯下腰来微笑着对小男孩说："好吧，既然你碰到这样坏的遭遇，我要让你做一件有意思的事情。脱下鞋子！"小男孩不明所以，但还是听话地脱下鞋子。老太太说："用你的脚踩冰淇淋，重重地踩！看冰淇淋从你脚趾缝隙中冒出来，感受脚趾的触觉和乐趣。"小男孩照着她的话做，踩着踩着，不禁发出了欢快的笑声。

老太太高兴地说："我敢打赌，这里没有一个孩子尝过脚踩冰淇淋的滋味。现在跑回家去，把这有趣的经验告诉你妈妈，要记住，不管遭遇什么，你总可以在其中找到乐趣。"

弹性生存

加拿大魁北京有一条南北走向的山谷。山谷没有什么特别之处，唯一能引人注意的是它的西坡长满松、柏、女贞等树，而东坡却只有雪松。

这一奇异景色之谜，许多人不知所以，然而揭开这个谜的，竟是一对夫妇。那是1993年的冬天，这对夫妇的婚姻正濒于破裂的边缘，为了找回昔日的爱情，他们打算作一次浪漫之旅，如果能找回就继续生活，否则就友好分手。他们来到这

|感悟
gǎnwù

任何事情都有两面，何必一定要被负面所捆绑。换个心情去享受眼前的一切吧。不同的心情，必会产生不同的乐趣。

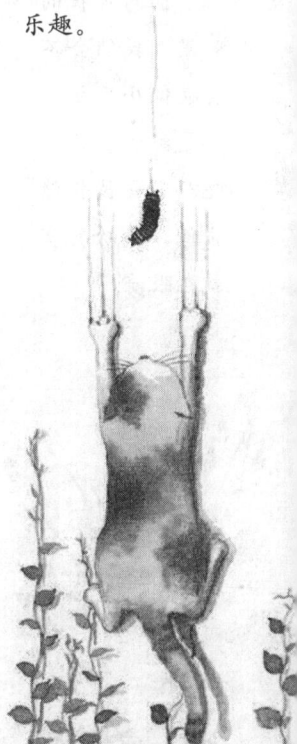

121

个山谷的时候，下起了大雪，他们支起帐篷，望着漫天飞舞的大雪，发现由于特殊的风向，东坡的雪总比西坡的大且密。不一会儿，雪松上就落了厚厚的一层雪。不过当雪积到一定程度，雪松那富有弹性的枝丫就会向下弯曲，直到雪从枝上滑落。这样反复地积，反复地弯，反复地落，雪松完好无损。可其他的树，却因没有这个本领，树枝被压断了。妻子发现了这一景观，对丈夫说："东坡肯定也长过杂树，只是不会弯曲才被大雪摧毁了。"

少顷，两人突然明白了什么，拥抱在一起。

小虎鲨的遭遇

小虎鲨一出生就在大海里，很习惯大海中的生存之道。肚子饿了，小虎鲨就努力找大海中的其他鱼类吃，虽然要费力气，却也不觉得困难。有时候，小虎鲨必须追逐很久，才能猎食到口。这种困难度，随着小虎鲨经验的长进，越来越不是问题，猎食的挫折并不对小虎鲨造成困惑。很不幸，小虎鲨在一次悠游追逐时，被人类捕捉到。离开大海的小虎鲨还算幸运，一个研究虎鲨的单位把它买了去。关在人工鱼池中的小虎鲨，虽然不自由，却不愁吃喝。研究人员会定时把食物送到池中，都是些大大小小的鱼食。

有一天，研究人员将一大片玻璃放到池中，把水池隔成两半，小虎鲨看不出来。这一天，研究人员把活鱼放到玻璃的另一边，小虎鲨等研究人员放下鱼之后，就冲了过去，撞到玻璃，痛得头眼昏花，什么也没吃到。

小虎鲨不信邪，等了几分钟，看准了一条鱼，咻！又冲过去，撞得更痛，差点没昏倒，一样吃不到。休息10分钟之后，小虎鲨饿坏了，这次看得更准，盯住一条更大的鱼，咻！又冲过去，情况没改变，小虎鲨撞得嘴角流血。想不通到底是怎么

回事？小虎鲨瘫在池子里。最后，小虎鲨拼了最后一口气，啾！再冲，仍然被玻璃挡着，撞了个全身翻转，鱼就是吃不到。小虎鲨终于放弃了。研究人员又来了，把玻璃拿走。然后，又放进小鱼，在池中游来游去。小虎鲨看着到口的美食，却不敢去吃，可是又饿得眼睛昏花，不知道怎么办。

找座位的故事

有一个人经常出差，经常买不到坐票。可是无论长途短途，无论车上多挤，他总能找到座位。

他的办法其实很简单，就是耐心地一节车厢一节车厢找过去。这个办法听上去似乎并不高明，但很管用。每次，他都做好了从第一节车厢走到最后一节车厢的准备，可是每次他都用不着走到最后就会发现空位。

他说，这是因为像他这样锲而不舍找座位的乘客实在不多。经常是在他落座的车厢里尚有空座位，而在其他车厢的过道和车厢接头处，居然人满为患。

他说，大多数乘客轻易就被一两节车厢拥挤的表面现象迷惑了，不大细想在数十次停靠之中，从火车十几个车门上上下下的流动中蕴藏着多少提供座位的机遇；即使想到了，他们也没有那一份寻找的耐心。眼前一方小小立足之地很容易让大多数人满足，为了一两个座位背负着行囊挤来挤去有些人也觉得不值。他们还担心万一找不到座位，回头连个好好站着的地方也没有了。这些不愿主动找座位的乘客大多只能在上车时最初的落脚之处一直站到下车。

开在心田上的百合

在一个偏僻遥远的山谷里，有一个高达数千尺的断崖。不知道什么时候，断崖边上长出了一株小小的百合。

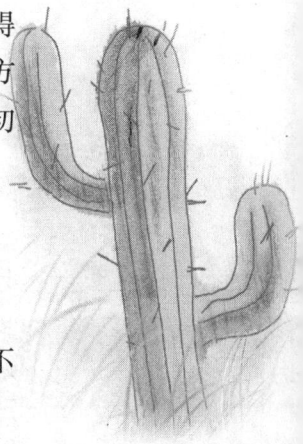

感悟
ganwu

生活的道路并不总是阳光明媚的，它有时充满了失意、误解、嘲笑、打击……碰到这些挫折的时候，你是否还会坚持自己心里最初的那一份理想？永远相信自己的内心，就总会找到出路，走向成功。

百合刚刚诞生的时候，长得和杂草一模一样。但是，它心里知道自己并不是一株野草。

它的内心深处，有一个内在的纯洁的念头："我是一株百合，不是一株野草。唯一能证明我是百合的方法，就是开出美丽的花朵。"

有了这个念头，百合努力地吸收水分和阳光，深深地扎根，直直地挺着胸膛。终于在一个春天的清晨，百合的顶部结出第一个花苞。

百合的心里很高兴，附近的杂草却很不屑，它们在私底下嘲笑着百合："这家伙明明是一棵草，偏偏说自己是一枝花，还真以为自己是一枝花，我看它顶上结的不是花苞，而是脑袋长瘤了。"

公开场合，它们则讥讽百合："你不要做梦了，即使你真的会开花，在这荒郊野外，你的价值还不是跟我们一样？"偶尔也有飞过的蜂蝶鸟雀，它们也会劝百合不用那么努力开花："在这断崖边上，纵然开出世界上最美的花，也不会有人来欣赏呀！"百合说："我要开花，是因为我知道自己有美丽的花；我要开花，是为了完成作为一株花的庄严使命；我要开花，是由于自己喜欢以花来证明自己的存在。不管有没有人欣赏，不管你们怎么看我，我都要开花！"

在野草和蜂蝶鸟雀的鄙夷下，百合努力地释放内心的能量。有一天，它终于开花了，它那灵性的白和秀挺的风姿，成为断崖上最美丽的风景。这时候，野草与蜂蝶再也不敢嘲笑它了。

百合花一朵一朵地盛开着，花朵上每天都有晶莹的水珠，野草们以为那是昨夜的露水，只有百合自己知道，那是极深沉的欢喜所结的泪滴。

年年春天，百合努力地开花、结籽。它的种子随着风，落在山谷、草原和悬崖边上，到处都开满洁白的百合。

几十年后，远在百里外的人，从城市，从乡村，千里迢迢赶来欣赏百合开花。许多孩童跪下来，闻嗅百合花的芬芳；许多情侣互相拥抱，许下了"百年好合"的誓言；无数的人看到这从未见过的美，感动得落泪，触动内心那纯净温柔的一角。那里，被人称为"百合谷地"。

第 5 章

谱写生命——演奏华美乐章

从出生的那一刻起，我们就被爱包围着。在我们以后的生活中到处都充溢着欢笑和亲情，到处都有鸟的啁啾、花的清香、云的高洁……生活充满了五彩缤纷，充满了浓浓真情。

我们最终都会面对死亡，这是自然的法则。在生与死面前，我们都是公平的，但在这从生到死的途中，我们却存在着差异。有的人被打垮后一蹶不振，心甘情愿地接受失败；而有的人却坚强地活着，把不可能变成可能，把失败的无奈变成奋斗的激情！

热爱生命、珍惜生命，紧紧锁定生命方舟上那盏明亮的航标灯，用自己的生命之光去增加人类航标灯的亮度。也许，我们增添的仅仅是一点点亮色，一点稍纵即逝的亮色，但是，我们的生命会因此而得到升华，我们的精神会因此而成为一种永恒！

演奏生活

我上中学时有个同学小蓓，她长得文文静静。小蓓不大爱说话，一说话就脸红，可她唱歌却很大方，她的嗓子亮亮堂堂老远就能听见。我经常带着我那只八个贝司的破手风琴去她家玩。小蓓特别羡慕我能自拉自唱，我说："这有什么啊，这是很容易的事情。"我总是愉快地为她拉琴，我们唱一些人们很难听到的老歌。那时候人们常听的歌是《白族人民爱唱歌》《红太阳照边疆》《家住安源平水头》什么的，而我们就唱《照镜子》《送你一支玫瑰花》《夏夜圆舞曲》。夏天开着窗，我们经常听见窗外有人喊：再唱一个！或者是一个孤独却很响的掌声。一天，我们俩唱完歌立即背起书包上学，走到楼下看见有两个披雪挂雾似的粮店营业员也伸着脖子往上看，其中一个女的说："怎么不唱了？"小蓓拉拉我的手，我们怀着一种美妙又神秘的心情走过他们，没人知道我们就是歌唱家，我们坚信自己一定会成为第一流的歌唱家，整个一条街上没人理解我们。我和小蓓不约而同地看了粮店营业员一眼，我们的未来决不会干这种工作，我从小蓓的眼睛里也看到了这句话。

岁月匆匆地从我那沙哑的手风琴中流过。我们中学毕业了。我离家去了外地，小蓓在家待业。没有了歌声，也没有了消息。后来我考上了大学，毕业后到太阳岛教书。教书生涯开始了，我每天匆匆忙忙赶通勤车到江边，再乘渡轮去太阳岛，每天三小时路程，夜晚还要备课改作业，白天是一身粉笔灰，别说想当歌唱家，连唱歌的力气也没了。

一个星期天，我去粮店买挂面。中午，粮店里人不多。我

把钱交给营业员的一刹那，我们都愣了。是你？那个一身面粉，刚从云雾中钻出来似的营业员就是小蓓。她亲热地拉住我的手，一定要我上楼到她家去坐坐，她说："下午我休息。"她把我带进更衣间，关上门，她拿热毛巾快速地擦擦头脸，然后换上一件苹果色连衣裙。她不停地问这问那，你妈好吗？弟弟好吗？你家那盆君子兰还开花吗？你的单位在哪个区？"太阳岛，"我以为她没听清又说一遍，"在太阳岛。""是吗？"小蓓的眼睛闪着光彩，她说："这太好了！那里的环境多好啊！我就喜欢上班远，越远越好。"

"越远越好？我还是头一回听说有人羡慕上班远的，远有什么好？"

"走远路穿漂亮衣服才值得，你说呢？"

"你现在就很漂亮，小蓓。"

"我也这么觉着，穿漂亮衣服自我感觉好，我就要这种感觉。"小蓓笑了一下，"只可惜这么好看的衣服我每天只穿着它们走几十步路。走吧！"小蓓替我提上那十斤挂面上楼。

还是那黑黑的楼道，还是那间小小的房间，只有她和妈妈住。10 年过去了，窗外那棵杨树已经变粗，枝干快挨上窗台了。

"咱们多少年没见了？"小蓓给我端来一杯茶，她又换了一身粉红色的居家服，看上去随意又可爱，我发现小蓓一点没老，而且比过去更热情开朗富有风韵。我喝了一口茶："小蓓，你还记不记得这树下有个骑自行车的人了？这树下站过好多人听歌呢。有个掌鞋的，你还记得吗？"

"有掌鞋的吗？我忘了。"

"也可能你记错了。"她说着又端来西瓜。

"那现在你还唱歌吗?"

"一直唱,天天唱,你呢?"

"也唱,可是不是天天。"

小蓓和我相视而笑。我问她这些年怎么过的,她轻轻一笑说:"就那么过来了。"我看见她写字台的玻璃板下压着裁剪班学员证,一张三级厨师资格证书,还有一张业余歌手比赛一等奖获奖证书。"这都是你的?"我问她。她点点头。

"每天怎么练声呢?"我问她,"谁给你伴奏?"

"自己给自己伴奏。"她说,她让我看她新买来的电子琴,那是一架很小的电子琴,她说,"我弹不好,给自己伴奏还勉强。"

"给自己伴奏?"我望着像火焰一样的小蓓,在我眼前飘来荡去,她使房间充满了夏天。想想这10年我的岁月和心灵的历程,我能猜到眼前这一切曾经给这个充满着青春气息的少女,一个想当第一流歌唱家的少女带来多少个泪水打湿的夜晚,而这一切并没有毁掉她对美的追求。她以全部的纯真和热情回报着人生。这需要多么坚强!

我走到院门口又回头看她,小蓓的眼睛充满了泪水,可是那颗泪珠始终没掉下来,我能想象那颗泪珠的分量,尽管小蓓没有跟我提过一个字,关于那些日子,我可以想象,想象就足够了。她从小就不爱多说话,可我总觉着她什么都懂,永不熄灭的纯真与她同在。从那个星期日之后,每当我陷入困境的时候,想想那意味深长的几个字——为自己伴奏,我就能从容地走过一个个雨夜,在第二天的晴空下拥抱崭新的自己。

因为真实，所以美丽

之前，我并不太熟悉这个女演员，只知道她是个演员，面熟，但却根本叫不出她的名字。

她不是大明星，只是半红不紫而已。

三年前，她被请去当评委，是一个歌手大奖赛。她很认真，每一个选手她都认真地观察，然后打分。她是三个评委之一，最终谁能晋级，谁被淘汰，他们三个说了算。

他们作出了选择，把纸条交给了主持人。

几分钟之后，主持人宣布结果。

让她大吃一惊的是，结果居然不是他们选择的那个。很明显，有人进行了暗箱操作，为了让这个人胜出，一定有人在幕后说了话。

另外两个评委沉默了。

她愣了一会儿，拿起话筒说了实话："很抱歉，这个结果不是我们刚才评选的那个。"此言一出，观众全愣了，全场静得掉一根针也听得到。

她说："孩子们都是千辛万苦地来比赛，到最后关头却是这样的结果，我想他们会委屈的。评委应该有自己的良知，我不想骗观众，不想昧着良心做事。"

就是那一次，我真切地记住了她的名字。一个爽快的山东姑娘，一个半红不紫的女演员。这样率真的人，如今还有几个！

于是，当有人再问我生活中什么最美丽时，我会脱口而出：真实。真实的东西总会打动人，就像那些花吧，虽然会凋零，可我还是喜欢它们是真的；那些假花，即使再美再好看，我一样不喜欢。

人性中最美丽的东西就是真实。真实可以让人保持清醒，让人不至于放弃做人的最后尊严。让我们永远活得坦坦荡荡，活得真真切切，活得明明白白。

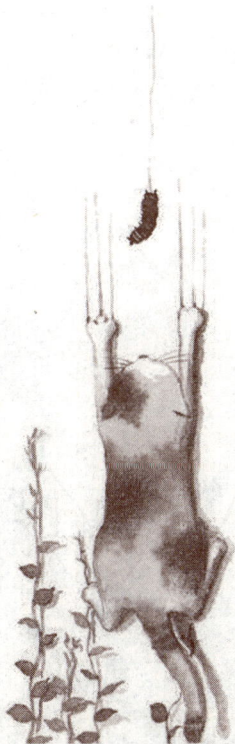

最美女教师张丽莉

2012年5月8日20时38分，在佳木斯市胜利路北侧第四中学门前，一辆客车在等待师生上车时，因驾驶员误碰操纵杆致使车辆失控。此时正值放学时间，人群密集，十九中学教师张丽莉在疏导学生的过程中，发现这辆失控的车正要撞向学生，危急情况下，她将学生奋力推向一旁，自己却被碾到车下。刹那，时间似乎凝滞了、停止了，所有的人都停止了动作，定格在那一秒。不知过了多长时间，才有学生反应过来，焦急地喊道："快救救老师，快救救老师。"……这位在车轮下的老师就是被社会各界誉为"最美女教师"的张丽莉，为救学生她失去了双腿。

她是一名普通的班主任，她的53名学生就是她的孩子。没做母亲的张丽莉，却把这个角色诠释到完美，使三班这个大家庭充满了爱的温暖。学生生病了，她买营养品去看望，落下的课她找时间给补上；学生过生日，她在黑板上写上祝福的话；夏天天热，她在地上洒水为同学们送来清凉；冬天天冷，她用电水壶烧水给学生送来温暖；学生自习时，她替学生做值日，给他们更好的学习环境和更多的学习时间；体育考试下大雨，她把自己的伞和衣服让给学生，保证他们考出好成绩；家长会时天气热，怕家长受不了，她自己掏钱给每位家长买冰棍；放学时学生等不到家长来接，她主动打车送孩子回家……

正是这一点一滴，让班级里的每位同学倍感温暖，他们为生活在这个幸福的大家庭而高兴，为有这样一个美丽善良的好老师而骄傲。

听到张老师受伤的消息，震惊之余，同学们更多地想起了自己和张老师之间发生过的事情。

学生闫泽坤回忆说："每次放学和张老师一起走出校门时，

张老师都会拉起我和身边同学的手说'来，孩子，我们一起过马路，别着急，慢点'，在老师的牵引下，我们走过了一个个路口，可是现在……"孩子说到这儿已经泣不成声了。学生闫泓伕说起的一件事更让人感动："一天傍晚，班中有位同学生病了，我们的丽莉老师带我们几个班干部去探望他。她和我们打车时，一辆自行车突然向我撞来，老师一把将我揽入怀中，车子刮坏了张老师的皮裤子，而她的第一反应却是问我：'孩子，你没事吧?'"

这就是张丽莉，一个美丽的女教师。在孩子们和家长们的期盼中，张丽莉终于从昏迷中醒来了，而她醒来后的第一句话是："我的学生没事吧?"

一只眼两只眼

从前，在一个小岛上住着一个游手好闲的懒汉，叫做千木。他从早到晚都待在自己破烂不堪的茅草屋里无所事事，躺在一张破床上，整天唠唠叨叨，嘴里不知道嘟哝些什么。

"千木，你在嘟哝些什么呀?"人们都纷纷地指责他，"你最好是找点活儿干!"

千木回答道："你们懂什么呀! 我整天在念经，祈祷老天爷把我从穷困中解脱出来。一旦老天爷听到了我的请求，他会立刻赐给我幸福的，我将会成为岛上最富有的人。"

有一天，千木在外游荡，突然听到别人说："住在邻近一个岛上的人是一只眼的，那些人看起来很丑。"

懒汉听到欢喜万分，并且立刻想到一个好主意，他寻思："老天爷一定是听到了我的祈祷，决定要给我幸福。我应该立刻去单只眼人居住的岛上，哄骗一个单只眼的畸形人上我的小船，把他运到我居住的这个小岛上来展出，收取大家的银币。

哈哈……”他觉得自己的想法很独特，于是，他就决定把自己的想法讲给左邻右舍听。

邻居们在听了千木兴高采烈的讲述之后，都表示很惊讶：他怎么会有这种想法？有些邻居就问道：“你干吗要这样的丑人呢？这些丑人有什么用呢？”

“我将会把他关在笼子里，供大家观赏，当然，这是要收银币的。大家想一想，这样的丑人谁不想参观呢？谁不想见识一下单只眼人呢？”可是大家对千木的想法反应很冷淡，大家都嗤之以鼻，笑他是异想天开。

懒汉看大家都不赞成，对他的想法很不关心，就独自坐上自己的小船使劲地划向邻近的小岛，他还暗自嘲笑那帮没有头脑的邻居：真是一帮笨蛋，你们一定会后悔的！

懒汉划了好久才到达那座小岛，当小船慢慢靠近岸边的时候，千木欣喜若狂，因为他一眼就看到他所要寻找的人：迎面向他走来了一个单只眼的丑人。千木迫不及待地迎上去搭讪。

“啊，我的福气真大呀，老天爷真的要赐给我幸福了，财富主动送上门来了！”千木有些高兴得不知所措，甚至是得意忘形。心怀鬼胎的懒汉向单只眼的人深深鞠了一躬，以示礼貌和掩饰自己的得意忘形，然后假惺惺地笑道：“您好，多少年来，我一直想拜见您这样好看的人，今天终于如愿以偿了。”

单只眼的人用自己的这一只眼睛仔仔细细、上上下下地打量了千木一番，他也很新奇地看着这个与众不同的两只眼的人。“这世上居然有两只眼的人，真丑，天下还有这么丑的人。”他心里默默地想。于是他也彬彬有礼地回答说：“我与您有着同样的感觉，我也终生想拜见一下像您这样好看的人，在这里遇见您真是三生有幸啊！”

于是盘算了半天的千木阴险地对单只眼说：“我衷心地恳

这是一个古老的日本故事，故事中的千木真可谓是机关算尽，到头来反而误了自己的前程。人生短暂，如此荒废一生，岂不可惜。

请您先到我家拜访，欣赏我家的美丽风光，品尝我家的绝妙食物，天色不早了，还是让我们赶紧坐上小船去我家吧！"

单只眼好像觉察到了什么，机警地回答道："尊敬而又俊美的两只眼先生，我衷心感激您对我殷勤的邀请。天色已晚，水路不便，我恳请您先光临我家，我的妻子会用最美好的食物来款待您，我将会拿出我珍藏多年的青酒和您一起品尝，我的一家人认识您将会感到无比的高兴。"

"我很高兴迈进您家的门槛儿，"千木虽然嘴上这么说，而心里却在不断地捉摸，"从明天开始，我将要告别贫穷，成为岛上的富翁了，你将坐在我的笼子里供人参观，白花花银币将从四面八方流进我的口袋，我很快就要成为富翁了，哈哈……"千木暗自得意，脸上禁不住露出笑容。于是，千木打定主意，决定去单只眼的家里拜访。为了掩饰自己得意的神情，千木马上又说："请您前面带路。谢谢。"

千木跟着单只眼来到单只眼的家里，当千木迈进单只眼的家门时，单只眼的小兄弟便大声喊叫起来："哥哥们，快来看哪，大哥带回一个大怪物，大哥带回一个大怪物！真丑啊！"这时，单只眼家的院子里顿时热闹起来，他的弟兄们就从四面八方把千木围了起来，指手画脚、吵吵闹闹、争先恐后地嚷道："瞧！瞧！这个人有两只眼睛！真是个畸形人！他从哪来啊？"这种场面让千木感到无比的恐慌，吓得他背流冷汗，两腿发颤，不住地打哆嗦。

"现在，我告诉你们，赶紧把这个人捆起来，捆得结实一点，不能让他跑了。"单只眼大声地命令他的家人。

单只眼的弟兄们七手八脚，千木都来不及挣扎一下就被捆起来了，千木这时才明白怎么回事。

看着千木这个畸形人被捆起来了，单只眼对他们的兄弟说："让我们庆贺一下吧！兄弟们，我们家贫苦的生活就要结束了，我们将把这怪物关进笼子里让大家出钱参观。谁都想看

一看这个长着两只眼的人。"

单只眼又命令他的兄弟们动手做笼子，不一会儿，笼子做好了，千木就被关在里边了。单只眼岛上的居民们从四面八方来观看这个长着两只眼的人。每个观赏者都要付给笼子的主人一个银币。

懒汉千木就这样在单只眼人们的观赏中结束了他的一生。

你快乐吗？

一

国王拥有强大而富有的国家，但却有一个不快乐的王子，高高在上的国王不知道生活在安逸中的小王子为什么不快乐。

有一天，国王终于忍不住了。于是，他问小王子："我拥有一个国家，你也什么东西都有了，为什么还不快乐呢？"

俊美帅气的小王子回答道："就是因为我可以拥有国家，可以拥有任何东西，所以我才不快乐。"

二

不快乐的王子要去找快乐。

有一天，闷闷不乐的小王子骑着高头大马出发了，一路去寻找快乐了。走着走着，他看见一位笑呵呵的，看上去很快乐的樵夫，于是打马上前。走到樵夫跟前，下了马，王子问："为什么你什么都没有，还会这么快乐呢？"

衣衫褴褛的樵夫回答："谁说我什么都没有呢？春天娇艳的百花是我的；秋天皓明的月亮是我的；夏天宜人的凉风是我的；冬天皑皑的白雪是我的；我比谁都富有。怎么会不快乐呢？"说完樵夫哈哈一笑。

王子听了之后，一副似懂非懂的样子。

三

不快乐的王子要去找快乐。

有一天，郁闷的王子遇到一位快乐的樵夫。

王子看着快乐的樵夫不解地问："为什么你一无所有，还会这么快乐？"

笑容满面的樵夫答道："谁说我什么都没有？我吃的饭和你一样多；我睡的床和你一样大；我做的梦和你一样美；你不能自由自在地到处游玩，我却可以轻松地游遍全国；你不能随随便便地躺在绿色的草地上看漂亮的飞鸟，我却可以；那么，为什么我不快乐呢？"

王子听了之后，一脸茫然地离开了。

四

不快乐的王子要去找快乐。

有一天，满脸愁容的王子遇到一位唱歌的樵夫。

王子看着歌声响亮的樵夫问："你那么穷，为什么会那么的快乐呢？"

"谁说我穷，你比我还穷！"樵夫的话意味深长。

"我是将来的一国之君，我怎么会比你穷呢？"王子脸上充满了怀疑的表情。

"你是王子，将来会变成国王。如果再多拿一个国家来跟你换你现在拥有的自由，你愿意吗？"樵夫笑着问。

"当然不肯了，谁会那么傻呢？"

"既然这样，是不是自由比国土还要珍贵呢？"

"是的。"王子不愿意地回答到。

"我比你自由，你想我会比你穷吗？"

小王子一脸的不高兴，悻悻地离开了。

五

不快乐的王子要去找快乐。

不快乐的王子问快乐的樵夫："你只有几间挡风遮雨的破

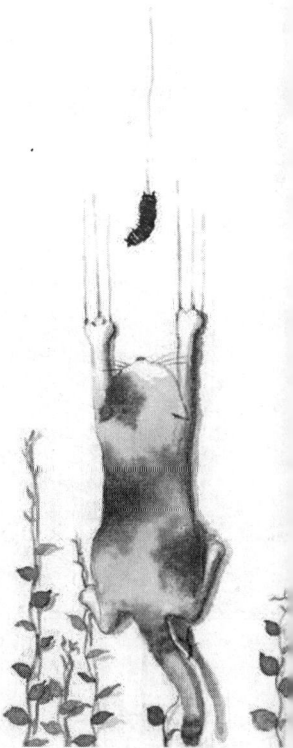

草屋，我有一座豪华的大宫殿，为什么你比我快乐？"

"拿我的快乐换你的宫殿，你肯不肯？"

"不肯。"

"所以，你不快乐。"

不快乐的王子要去找快乐，可是快乐躲起来了。

你知道快乐躲在哪里了吗？

它躲在春天的百花中。

它躲在秋天的明月里。

它躲在夏天的凉风里。

它躲在冬天的大雪里。

它躲在自由自在的生活里。

它躲在没有拘束的茅屋里。

只要你知道什么时候该去闻一闻花香，

只要你知道什么时候该去听一听鸟鸣，

只要你敢随随便便地躺在地上看云，

那么快乐就离你不远了，它会自己来找你的。

梦想与现实

当他还是个孩子的时候，就曾梦想住在一所有门廊和花园的大房子里，在房子的前面有两尊圣·伯纳的雕像；娶一位身材修长、美丽善良的姑娘，她有乌黑的长发和碧蓝的眼睛，她弹奏吉他琴声美妙、唱歌歌声悠扬；有三个健壮的儿子，在他们长大之后，一个是杰出的科学家，一个是参议员，最小的儿子要成为橄榄球队员；而他自己要当一名探险家，登上高山、越过海洋去拯救人类；拥有一辆红色法拉利赛车，而且不必为衣食去奔波。

可是有一天，在玩橄榄球时，他的膝盖受了重伤。从此以后他再也不能登山，不能爬树，不能到海上航行。他开始研究

市场营销，并且成为一名药品推销商。他和一位美丽善良的姑娘结了婚。她的确有乌黑的长发，但是身材短小而且眼睛是棕色的；她不会弹吉他也不会唱歌，却能做出美味的中国菜；她画的花鸟更是栩栩如生。

　　为了经商，他住进了城里的一幢很高层的楼房。在这里他可以看到远处蔚蓝的大海和城市的夜景。在他的房间里，根本无法摆放两尊圣·伯纳的雕像，不过养了一只惹人喜爱的小猫。他有三个非常漂亮的女儿，但最可人的幼女只能坐在轮椅上。他的女儿们都很爱他，但不能和他一起玩橄榄球。他们有时去公园追逐嬉戏，可他的幼女却只能坐在树荫下自弹自唱，她的吉他虽然弹得不好，可歌声却是那样的委婉动听。

　　为使生活过得安逸舒适，他挣了很多钱，却没能开上红色的法拉利赛车。一天早晨，他醒来后，又回忆起往日的梦境。"我真是太不幸了。"他对他最要好的朋友说。

　　"为什么？"朋友问。

　　"因为我的妻子和梦想中的不一样。"

　　"你的妻子既漂亮又贤惠，"他的朋友说，"她创作了动人的绘画并能做美味的菜肴。"但他对此却不以为然。

　　"我真是太伤心了。"有一天他对妻子说。

　　"为什么？"妻子问。

　　"我曾梦想住在一所有门廊和花园的大房子里，但是现在却住进了47层高的公寓里。"

　　"可我们的房间不是很舒适嘛，而且还能看见大海，"妻子说，"我们生活在爱情与欢乐中，有画上的小鸟和可爱的小猫，更不用说我们还有三个漂亮的孩子。"但他却听不进去。

　　"我实在是太悲伤了。"他对他的医生说。

　　"为什么？"医生问。

　　"我曾梦想成为一名伟大的探险家，但现在却成了一名秃顶的商人，而且膝盖落下了残疾。"

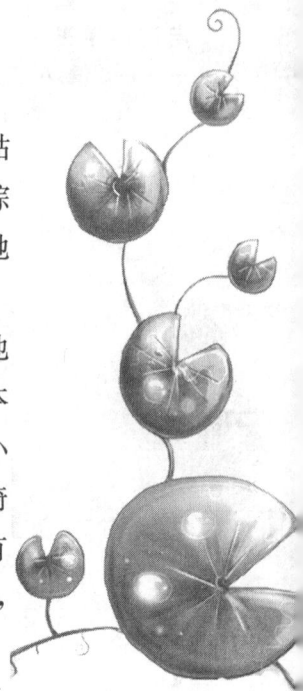

"你提供的药品已经挽救了许多人的生命。"

可他对此却无动于衷。结果，医生收了他500美元并把他送回了家。

"我简直太不幸了。"他对他的会计说。

"怎么回事？"会计问。

"因为我曾梦见自己开着一辆红色的法拉利赛车，而且绝不会有生活负担。可是现在，我却要乘公共交通工具，有时仍要为挣钱而工作。"

"可你却衣着华丽，饮食精美，而且还能去欧洲旅行。"他的会计说。

但他仍旧心情沉重。他莫名其妙地给了会计100美元，并且依然梦想着那辆红色法拉利赛车。

"我的确是太不幸了。"他对他的牧师说。

"为什么？"牧师问。

"因为我曾梦想有三个儿子，可我却有了三个女儿，最小的那个甚至不能走路。"

"但你的女儿既聪明又漂亮。"牧师说，"她们都很爱你，而且都有很好的工作。一个是医生，一个是艺术家，你的小女儿则是一名音乐教师。"

可他却同样听不进去，极度的悲伤终于使他病倒了。他躺在洁白的病床上，看着那些正在为他进行检查和治疗的仪器——而这些则是由他卖给这所医院的。他陷入极大的悲哀中，他的家人、朋友和牧师守候在他的病床前，并且都为他深感痛苦。

一天夜里，他梦见自己对上帝说："小的时候，你曾答应满足我的所有要求。你还记得吗？"

"那是一个美好的梦。"

"可你为什么没有把那些赐予我？"

"我能够赐予你，"上帝说，"不过，我想用那些你没有梦见的东西而使你惊奇。我已经赐予你一个美丽而善良的妻子、一个体面的职业、一个舒适的住所以及三个可爱的女儿。这些的确都是最美好的……"

"可是，"他打断了上帝的话，"你并没把我真正想要得到的赐予我。"

"但我想，你会把我所真正希望得到的给予我。"上帝说。

"你需要什么？"他从未想过上帝要得到什么。

"我要你愉快地接受我的恩赐。"

这一夜，他始终躺在黑暗中进行思考，并终于决定重新再做一个梦。他希望梦见往昔的时光以及他已经得到的一切。

他康复了，幸福地生活在位于47层的公寓中。他喜欢孩子们的美妙声音，喜欢妻子那深棕色的眼睛与精美的花鸟画。夜晚，他在窗前凝望着大海，心满意足地观赏着城市的夜景。

从此，他的生活充满了阳光。

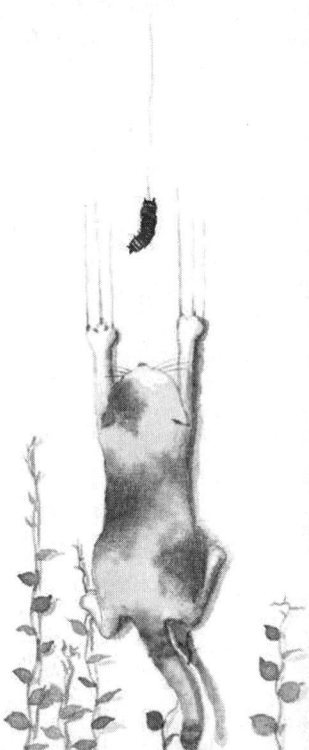

病床上的化妆

当瑞恩打开房门，轻手轻脚地走进癌症特护病房时，他看见我正在伤心地哭泣。"苏吉，怎么了，哭得这么伤心？"他关切地问道。两天以前，我被评选为我所任职的律师事务所"历史上最年轻漂亮的女律师"，老板正在考虑请我当合伙人，和他一起把律师事务所的事业推向更高的层次。两天以前，生活快乐工作顺心的我唯一的烦恼是决定下次度假是去风景宜人的瑞士还是景致诱人的冰岛。但是就在刚刚过去的48小时里，我得知自己胸部左侧长了一个恶性肿瘤，这个晴天霹雳一下子把我击溃了。即使切除手术非常成功，彻底治愈的可能性也只有40%。躺在摆满鲜花和慰问卡的病房

感悟
ganwu

遭遇困难是我们每个人一生中的必修课，面对困难，谁都免不了痛苦迷茫、不知所措。人与人最大的不同，在于是否能够尽快从痛苦的废墟中挣扎出来，用乐观幽默的态度面对困难。生命，就是在一次次的挣扎中绽放出绚烂无比的华彩！

里，我只感到无比的绝望，沮丧无奈和孤独寂寞紧紧地包围着我。我才27岁啊，正是人生的花季，难道绚丽夺目的生活这么快就要结束了吗？难道美丽的生活就要抛弃我了吗？亲爱的上帝，为什么是我？

瑞恩轻轻地放下旅行袋，慢慢地坐到我床边，他本来是在千里之外开会的，我知道他是接到大夫的电话立刻马不停蹄地赶来的。他轻轻地抚摸着我的头发，问："是不是太疼了，苏吉？""不，不是。我……"想起这残酷的现实，我的心中一阵酸楚，我努力地转移话题："我是不是看上去糟糕透了？"我指着镜子里的自己边抽泣边说。我简直认不出镜子里的人了。手术后，为了镇痛，医生不得不给我用吗啡，不幸的是我对吗啡过敏，人肿得就像充了水的烂茄子。我的脖子、肩膀和胸前都被碘酒染成了棕褐色，而且现在还不能洗澡。我一向引以为豪的飘逸的长卷发在脑后缠成一团。大概有50多人在过去的48小时内探望过我，而他们看到的就是这么一个棕白相间、憔悴不堪、没化妆、头发像鸟窝、穿病号服的女人！曾经光艳照人的苏吉到哪儿去了？曾经充满青春活力的苏吉到哪儿去了？

瑞恩静静地听我发牢骚，然后一声不响地离开了病房。他再走进来时手里拿着一个小水桶和一小瓶洗发香波，显然这是从护士那里要来的。他从壁橱里拿出了备用枕头，把它垫在我身体的一侧。然后瑞恩从洗手间里接来一桶温水，小心翼翼地开始给我洗头。我享受着这久违的温暖、洁净的感觉，瑞恩的大手和洗发液淡淡的薄荷香似乎有一种神奇的止痛效果，伤口的疼痛慢慢地消失了。因为怕我冷，瑞恩不断地换温水。最后他用浴巾包好我的头发，轻轻地把我放回枕头上躺好。我看了看表，这个头洗了整整两个小时！

从来不用吹风机的瑞恩，不知从哪儿找来一部老式电吹风，开始为我吹头发。让我忍俊不禁的是，他竟然还编造各种

美容窍门讲给我听。当瑞恩咬着嘴唇，万分严肃地帮我绾发髻时，我忍不住笑出声来——他显然是我见过的最蹩脚的发型师。他还用热毛巾把脸和脖子上消毒液的痕迹擦掉，小心地涂上润肤霜。不知他从哪儿找到了我的化妆包，开始给我化妆。从涂睫毛膏到打腮红，虽然顺序、位置完全不对，但他每一样都往我脸上用一点。我永远不会忘记屏气凝神、睁大眼睛让瑞恩用微微发抖的手为我刷睫毛膏的情形。

最后，瑞恩从包里拿出两管口红，轻轻地问我："用哪一个？草莓紫的？还是深酒红的？"他费力地念着标签上的小字。一脸惊讶的神情好像是在说："这是口红还是零食？女人的东西真奇怪。"他的样子实在让人忍俊不禁。他像艺术家作画一样仔细地为我涂好口红，然后把镜子举到我面前自豪地说："早就说我女朋友最漂亮！不是吗？哈哈……"我又哭了，但是这次是幸福和感激的眼泪。"噢！不，我的技术没那么差吧！难道我化妆的技术不好吗？"瑞恩作出痛苦的样子夸张地说。他的样子的确很丑，很好笑，但却很可爱。我不断地笑起来，笑得伤口都疼了。

转眼间，5 年过去了，癌细胞再也没有光顾过我，5 年里，我生活得很开心，我不仅拥有了自己的律师事务所，还嫁给了瑞恩这个幸运的家伙，而且 3 个月后就要当妈妈了。这期间我的生活中发生了许许多多的困难，我也有过痛苦迷茫不知所措的时候，但我从来没有放弃希望。我认为这该归功于乐观幽默的瑞恩和他真挚的爱情。在那充满痛苦的 48 小时里，我一度绝望、一度抛弃生存的勇气，但瑞恩用自己的行动不断地告诉我，任何时候都不能放弃生命、放弃希望，乐观幽默是对付困难最好的武器！

· 海啸中的奇迹 ·

2004 年 12 月 26 日，印度洋发生了百年不遇的大海啸。在

这次海啸中死伤者不计其数，在少数幸存者中，不少人都要感谢一名10岁的英国小女孩，她凭着自己在课堂上学到的知识，在大海啸中救了几百人的命。

这位小英雄名叫缇丽，海啸来临当天，她正与父母在泰国普吉岛的海滩享受假期。在海啸到来前的几分钟，缇丽正光着脚丫在海滩上兴奋地追逐着浪花。突然她看见海滩上起了很多泡泡，然后浪就突然打了过来。缇丽觉得这个情形好怪啊，好像有谁跟她讲过。对了，是地理老师！在地理课上老师曾经讲过，地震引发海啸的最初情形就是这样。老师还说，从海水渐渐上涨到海啸袭来，这中间有10分钟左右的时间，海啸一旦到来，岸上的房子、汽车——一切都会被巨大的海浪卷走。缇丽的脸上露出惊恐之色，她急忙跑到母亲的身边大声说："妈妈，我们现在必须离开沙滩，我想海啸就要来了!"缇丽的母亲对女儿的话不以为然，大家都玩得好好的，哪里来的什么海啸。缇丽急得都要哭了，拽着母亲的胳膊向她解释地理老师讲过的大海啸。母亲这才重视起来，赶忙向周围的人发出警告。

起初，在场的成年人对小女孩的预见都是半信半疑，但缇丽坚持请求大家离开。她的警告如星火燎原般在沙滩上传开，几分钟内游客已全部撤离沙滩。当这几百名游客跑到安全地带时，他们的身后传来了巨大的海浪声——"噢，上帝! 海啸，海啸真的来了!"人们在激动和惊恐中哭泣。等他们缓过神来以后，纷纷跑到缇丽的身边，争相拥抱和亲吻缇丽，夸缇丽是他们的救命恩人。当天，这个海滩是普吉岛海岸线上唯一没有死伤的地点。

珍爱生命，远离毒品

每当深夜来临，常俊总是一个人静静地躺在戒毒所的病床

在严酷的自然灾害面前，人的生命是渺小而脆弱的。而在这个真实的故事中，缇丽用自己掌握的知识拯救了几百人的生命，在大海啸中创造了生命的奇迹。

上，透过冰凉的铁窗，看着天上的星星一闪一闪的，常俊觉得那是父母流泪的眼睛。

常俊曾经有一个幸福的家，有爱她的父母和兄长。一次偶然的机会，正在读高二的常俊在好朋友的怂恿下尝试了毒品，从此欲罢不能。一天，常俊因注射毒品过量而昏倒在卧房内，常俊忘不了自己醒来时看见的一切，那是妈妈哭肿的双眼和父亲一晚白了一半的头发！常俊心中像被什么狠狠地蜇了一下，她抱着爸妈哭成了一团。常俊决定去戒毒。

在住院的日子里，父母不分昼夜轮流守候照顾着常俊。当毒瘾如潮水般猛然袭来时，疼痛与瘙痒让常俊痛苦难当，她歇斯底里地吵闹嘶喊，拼命抓扯自己的头发，在地上不停地翻滚，把头使劲往墙上撞，用牙齿猛咬自己的下唇，用指甲狠狠抓挠自己的胸口，希望能够用这些自我摧残的方式来减轻毒瘾发作时那难以名状的痛苦。而每当这时，无助的妈妈只有跪在地上紧紧地将常俊搂在怀中，流着泪反复地说："女儿啊女儿，你别这样，你可知妈的心有多疼！再忍忍，这场噩梦会过去的，你要坚强啊！"毒瘾过后，常俊常常发现妈妈的脸上早已被抓出了条条指痕，手上也被咬出了斑斑血印。在家人的关心和医生们精心地治疗下，常俊逐渐戒掉了毒瘾，人也开始有了朝气，原来青灰色的面颊开始变得红润，呆滞无神的眼睛也恢复了往日的光彩。看到常俊又能活蹦乱跳了，爸爸妈妈欣慰地笑了。然而谁也没有想到这只是一时的假象，毒品还是一次次地诱惑着常俊。终于有一天毒瘾难耐的她趁父母放松看护时跑出了医院，找到毒友继续沉沦在白色幽灵的世界中，无法自拔。当家人终于在一间小酒店里找到已经人不像人、鬼不像鬼的常俊时，爸老了许多的母亲竟然跪在地上，流着泪伤痛欲绝地说："我的女儿，你把毒品给戒了吧，妈跪下求你了！"话没说完，常妈妈便昏倒在地——老人家因为伤心过度引发了脑溢血。这一次，常俊终于下定了决心戒掉毒品。

逐渐远离了毒品并适应了戒毒所生活的常俊现在开始思考

感悟
ganwu

生命如夏花般美丽，如阳光般灿烂，而毒品就是吞噬这美丽、灿烂生命的恶魔。面对威胁生命的毒品，人人都该坚定地说"不"。

一些问题，比如今后的人生该怎么办，出去后该如何面对生活。常俊知道，戒毒是一个漫长的过程，不能抱有任何的侥幸心理。复吸的诱惑与父母亲情的交战，已在常俊心中留下了深深的烙印。每天早晨常俊醒来的时候，她总要盯着墙上的八个大字想很久，想怎样才能让关心自己的人不再失望，怎样才能让爱自己的人不再伤心。那八个字就是：珍爱生命，远离毒品。

大龙虾的成长

有一天，威武光彩的龙虾与黑不溜秋的寄居蟹在深海中相遇。寄居蟹看见龙虾正把自己的硬壳脱掉，只露出娇嫩的身躯。寄居蟹大吃一惊，顿时目瞪口呆。

寄居蟹非常紧张地说："龙虾大哥，你怎么可以把唯一保护自己身躯的硬壳也放弃呢？难道你不怕有大鱼一口把你吃掉吗？以你现在的情况来看，连急流也会把你冲到岩石上去，到时你不死才怪呢！"寄居蟹非常担心龙虾的安危，生怕它出现什么状况，一不小心丢了性命。

龙虾看着寄居蟹担心的样子，很是感激。于是，他就气定神闲地回答寄居蟹的问题："谢谢老弟的关心。看来你是不了解我们龙虾的生活习性，我们龙虾每成长一次，都必须先蜕去身上的旧壳，才能生长出更坚硬的外壳，这样才能更好地保护我们自己。现在面对的这些危险，只是为将来成长得更好而做的准备。老弟，你明白了吗？"说完，龙虾看着寄居蟹呆头呆脑的样子，哈哈大笑起来。

寄居蟹看着龙虾得意的样子，用心思量了一下。想着龙虾的话也是非常有道理的，一下子觉得自己无地自容。自己整天游东逛西，只是为了找一个可以避身的地方，而没有想过如何使自己成长得更加强壮，整天只活在别人的庇护之下，难怪自己总是这样猥琐而无所事事。

感悟 gǎnwù

大龙虾了解自己的生活习性，蜕壳是生命成长过程中必不可少的环节。面对生命的必然蜕变，要以平常心态坦然面对。

ASA House

小和尚与落叶

五台山脚下有座小寺庙，寺庙里有三五位和尚。其中有个小和尚，他每天早上负责清扫寺庙院子里的落叶。

寺庙周围有好多树木，到了秋天树叶黄了，总是成片成片地往下掉。在深秋冷飕飕的清晨起床扫落叶实在是一件苦差事。尤其在秋冬相交之际，每起一次风时，总是有很多很多烦人的树叶，随风飞舞落下，落在小寺庙的每个角落里，似乎是在故意为难小和尚。

每天早上都要起个大早，花费许多时间才能把各个角落里的树叶扫完，这让小和尚头痛不已。他一直都想找个好办法让自己不必起得那么早，花费那么多的力气去扫树叶。

他实在想不出什么高明的方法。于是，他去请教了一位同门师哥，师哥说："师弟，你在明天打扫叶子之前先用力地摇树，把落叶统统地摇下来，后天就可以不用辛苦扫落叶了。"

小和尚觉得师哥的主意真好，于是第二天他就起了个大早，铆足了劲儿把寺庙里所有的树都摇了个遍。他以为这样就可以把今天和明天的落叶一次扫干净了，明儿早上就可以多睡一会儿了。所以，这一整天小和尚都非常地开心。

第二天早上，小和尚满以为院子里会没有树叶。他高兴地跑到院了一看，傻眼了，院子里如往日一样是满地落叶。小和尚觉得非常的委屈。

老和尚看见了，缓缓地走了过来，摸着小和尚的小秃头，意味深长地说："傻孩子，无论你今天怎么用力，明天的落叶还是会飘下来啊！"

小和尚终于明白了，明天的树叶是不会今天落下来的。所以，世上有很多事是无法人为提前的，唯有认真地活在当下，才是最真实的人生态度。

感悟
ganwu

今天有今天的事情，明天有明天的烦恼，每一天都有每一天的人生功课要做，今日事，今日毕，才不会增加明天的烦恼。

145

猴间悲剧

猴子三慧的后代们没有继承它的冒险精神，一部分猴子沉醉于迷茫无知，不思进取；另一部分虽踌躇满志但面对似是而非的答案，却没有去探索的勇气。若想你的生命摆脱平庸无味，不思进取，固步自封是最大的敌人。

一群猴子生活在一座四面环海的孤岛上，大海无边无际，猴子们不知道海洋是什么世界。这座岛上有一只猴子叫三慧，它聪明勇敢，是猴子们的主心骨，大家都很喜欢他！

有一天，三慧看着汪洋大海突发奇想，认为海洋那边一定还有别的陆地。三慧把这个想法告诉别的猴子，许多猴子都同意他的观点，也有一些猴子持不同意见，认为三慧是胡思乱想、痴人说梦。

由于岛上的生存空间越来越小，和三慧一样认为海洋那边有新大陆的猴子们决定带领妻儿迁居到远方去。于是，他们动手修建船只。

一些猴子看三慧们修船，准备远航，倒是很关心他们，他们说："这仅仅是一个设想，你们还是别去吧！万一那边还是海怎么办呢？"也有的猴子说："海面风云多变，海浪滔天，为了安全，你们还是安安稳稳地在这儿过日子吧！"三慧婉言谢绝了那些猴子们的好意，在大船修好之后，带领妻子儿女出海了。

他们驾着船在海面上漂泊，经过无数日夜，四面望去仍然是海，一层一层的浪不断地从远处涌来，新大陆在哪里？到底有没有新大陆？猴子们一无所知！海面起了大风浪，险些将船打翻，一些猴子害怕起来，他们开始后悔自己当初的决定，认为实在不该去寻找什么子虚乌有的新大陆。

有的猴子想要回去，于是他们联合起来，要求三慧驾船返回孤岛。三慧说："兄弟们，听我说，当初大家要去寻找新大陆的时候，不是风风火火、意志坚定吗？这一路上，我们历经磨难，目的就是为了找到新大陆，现在我们已经航行了很久，若要回头，将会前功尽弃啊！返回也是路途遥远，所以大家还是忍耐前行，我坚信前方一定会有新大陆的，只要我们坚持不懈，就一定会到达的！"许多猴子都赞同三慧的话，那些反对

的猴子也开始动摇，他们同意继续向前。

过了很久，仍然不见新大陆。不料，又遇上大风，船被打沉了，许多猴子沉入海底。幸存的猴子们认为这回是没有希望了，他们抱着木板漂浮在海面上。他们异常绝望。又不知漂流了多少天，就在猴子们筋疲力尽就要沉入海底的时候，前方隐约可以看见陆地的影子，猴子们振奋起来！他们又重新看见了生存的希望。猴子们振奋精神，用力划水，向小岛游去，待靠岸时，猴子们发现这真是一块陆地，幸存者看到生存的希望！

这是一块漂亮的岛屿，岛上土地肥沃、花果遍地，绝处逢生的猴子们欣然地安家，组建家庭，生儿育女！

过了很久很久，这个岛上建立了一个新的猴子王国。他们的祖先遗留下来的记载中说：他们的祖先是从海洋之外的另一座岛屿上迁移过来的。当即就有很多猴子反对这种说法，他们认为海洋无边无际、深不可测，海外怎么会有别的岛屿呢？岛上的猴子们就变成了一个闭塞的世界，他们不知道自己从哪里来？他们对此是一无所知。

为了摆脱迷茫无知，获知真相，许多猴子开始寻找答案。他们抬头望天，仔细观察岛屿。于是，各种各样的答案就出来了——

有的猴子说："天外是天，海外是海，世间无始无终，还是不要再寻找了吧！"

有的猴子说："反正生下来注定一死，有什么好找的，我们还是好好过日子吧！"

有的猴子说："我们是这座小岛生出来的，我们以前是别的动物，经过自然进化，慢慢地就变成了猴子。"

有的猴子对这些说法都不同意，他们继续寻找，想知道自己的真正来历。经历了很长时间的追问，猴子们依然没有找到答案。

他们渐渐失望了，认为这样的问题注定没有答案。他们接受了现实，去关注身边的世界，他们把时间精力投入到吃喝玩乐中去，以此减轻生命的空虚感。

直到有一天，一艘大船出现在岸边，从船上下来一群猴子。岛上的猴子们几乎是目瞪口呆，他们走上去，问这问那。从船上下来的猴子们把真相告诉了他们："亲爱的，我们是你们的兄弟姐妹，你们的祖先原来是我们的亲人，他们驾船去寻找新大陆，结果不再回来，我们不知道他们是生是死，但是我们和他们一样坚信，在海洋之外有新大陆，或者他们还有生还的可能，所以我们就找到这里来了，没想到遇上了你们。"

猴子们恍然大悟，他们明白了自己的生命原来来自于另外一个世界。

珍贵的礼物

圣彼得堡郊区小镇的乞丐们在圣诞节的前一天聚集在一起，他们在这座小城的乞讨生活已经快一年了，城里的居民给了他们一日三餐填饱肚子，给了他们及时的温暖，也给了他们许多美好的祝愿。在圣诞节就要来到时，他们决定选出一位施舍给他们最多、最善良，也最使他们感动的人，然后全体乞丐要编织一只"善良天使"的花环，把它作为圣诞礼物，送给大家公认的最善良的人。

有人提议"善良天使"应该是那位大腹便便的阔绰富翁，因为向他乞讨时，他每次都是掏出百元大钞。也有人提议应该把这项荣誉给予市中心的那家餐厅老板，因为每当大家饥肠辘辘时，他总能雪中送炭地让他们饱吃一顿香喷喷的面包。甚至还有人提议应该把这项桂冠授予一位德高望重的医生，因为大家谁有个头疼脑热，他总是及时地出现在面前，不嫌弃肮脏和贫寒，热情耐心地帮大家治病……

正当所有乞丐都争吵得面红耳赤的时候，一个拄着拐杖的姑娘站了起来，她说："我想应该把'善良天使'授予那个下巴上长着一颗黑痣的大婶。"

马上就有人站起来反对说："不行，她并不比我们富裕，没给过我们百元大钞，甚至连一块面包也没有。"

但拄着拐杖的姑娘说："但只有她才给了我们别人没有给予过的东西。"

"别人没有给予过的东西？那是什么东西呢？是黄金，是支票，还是钻石什么的？"马上就有人站起来连连发问。

拄着拐杖的姑娘脸色羞红，依然心平气和地说："不，这些她都没有，但她给予我们的比这些都重要。"

比黄金钻石还珍贵，那么她给予了什么呢？大家都安静下来了，都把目光聚向那个拄拐杖的姑娘。姑娘微笑地对大家说："她每次都给了我们微笑，并且还抱歉地同我们每个乞讨者说：'对不起，因为我实在没有什么能给予您的。'"

姑娘顿了顿，说："对，她给予了我们尊重。"

大家都沉默了，是的，面包、衣服、金钱、美酒都常常有人施舍给他们，但又有多少人能施舍给他们微笑和尊重呢？沉默了一会儿，所有的乞丐都鼓起掌来，大家一致通过把这项桂冠授予那位几乎一无所有的大婶，因为她施舍给了大家从没有人施舍过的珍贵东西，那就是：微笑和尊重。

希望之弦

有一位拉小提琴的盲琴师总希望自己的眼睛能够复明，于是他四处求医，但每次都失败了。就在他心灰意冷决定结束生命的时候，一位好心的医生给他开了一张药方，说这张药方能够治好他的眼病，但是在打开药方之前，他必须为别人不断地演奏并拉断 1 000 根弦。

于是，琴师收了位眼睛同样失明的徒弟，开始四处漂泊的演奏生涯。每到一个地方，琴师就为当地的贫苦人民拉上几曲。听到他的琴声，人们都忘记了痛苦，变得快乐起来。感受到这一点，琴师也渐渐变得开朗、乐观了。

很多年过去了，琴师终于拉断了第 1 000 根弦，他拿出那张已经发黄的药单，请别人帮他看一下里面的内容。打开药单的人告诉他，上面什么也没有。琴师听了以后，一拍脑袋，恍

感悟
ganwu

人生在希望中产生意义。可以想象，一个没有希望的人生就像大地没有阳光，会多么黯淡。

然大悟，原来医生所开的药方就是"希望"。

此时虽已知道自己复明无望，但琴师的心是十分平静的。因为充满复明的希望，他年复一年地生存了下来；但就在这漫长的希望之中，他又发现了更重要的东西，更有意义的生活，那就是为别人带来快乐。多年的流浪生涯使琴师饱经世事，心中的慧眼洞穿了整个人生，此时眼睛能否复明又有什么关系呢？此时，一切都是那么的祥和安静。

于是老琴师又郑重地将这张药方交给他那位渴望复明的弟子："流浪去吧，当你为他人拉断 1 000 根弦时，就可以打开这张能使人复明的药方。"

感悟
gǎnwu

要开创生命新的阶段，我们不得不抛弃旧的习惯、旧的传统，不断地发挥我们的潜能，使我们完成生命的蜕变，重新飞翔在蔚蓝的天空中，不断地冲击生命的理想。

老鹰的再生

老鹰是世界上寿命最长的鸟类，它一生的年龄可达 70 岁。要活那么长的寿命，它在 40 岁时必须作出困难却重要的决定。

当老鹰活到 40 岁时，它的爪子开始老化，无法有效地抓住猎物；它的喙变得又长又弯，几乎碰到胸膛；它的翅膀变得十分沉重，因为它的羽毛长得又浓又厚，使得飞翔十分吃力。

它只有两种选择：等死，或经过一个十分痛苦的蜕变过程——150 天漫长的操练。它必须很努力地飞到山顶，在悬崖上筑巢，停留在那里，不得飞翔。

老鹰首先用它的喙击打岩石，直到喙完全脱落，然后静静地等候新的喙长出来。它会用新长出的喙把趾甲一根一根地拔出来。当新的趾甲长出来后，它们便把羽毛一根一根地拔掉。5 个月以后，新的羽毛长出来了。

老鹰开始飞翔，重新再飞翔 30 年的岁月！

珍　惜

美国一家大型的动物园里，新来了一位喂河马的饲养员。

老饲养员给他上的第一堂课，就让他有点接受不了，听起来也的确有点离奇。老饲养员告诉他："不要喂河马过多的食物，不要害怕饿着它，以免它长不大。"新来的饲养员听了这话，心里十分纳闷，心里暗暗地想："世上怎么会有这种道理呢？为了让动物长大，而不要喂过多的食物，我以前从来没有听过这种话。"

后来，他被分配去饲养一头河马，他把老饲养员的话当做耳边风，拼命地喂他那头河马食物。在他喂养的那头河马池子里，食物撒得到处都是。观赏的游客无不感到他的仁慈和善意。

两个月之后，他在比较中发现，他喂养的这头河马，真的没有什么长进，好像那些食物都白吃了一样；而老饲养员喂的那一头，没有喂给多少食物，却长得飞快。这让新来的饲养员很吃惊，他认为是两头河马自身的素质有差别，老饲养员的那头河马要远远地胜过他自己的那头。

老饲养员并没有和新来的饲养员争论什么，建议调换一下两人的河马。可是不久以后，老饲养员的那头河马又超过了他喂的河马。

他非常不解，于是去请教老饲养员。老饲养员这时才一语道破天机："你喂养的那头河马，是食物太多了，它反而拿食物不当回事，挑三拣四，根本就不好好地吃食，自然长不大；我的这一头，总是在食物缺乏中过生活，因此，它十分懂得珍惜，是珍惜使它有所获得，变得健壮起来。珍惜是一种正常的生命反应，甚至是一种促进，是生活中的需要。"

练钢琴

一位音乐系的学生走进了练琴室。在钢琴上，摆着一份全新的交响曲的乐谱。

被珍惜的东西往往是花费很大气力才会得到的，因此即使它在别人眼中一文不值，我们也会觉得它无比贵重。因为珍惜，我们获益匪浅；因为珍惜，生命光彩夺目。

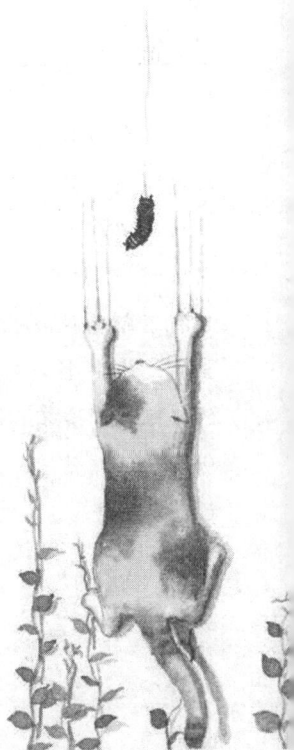

"太难了，对我来说超高难度……"小钟翻着乐谱喃喃自语，弹奏钢琴的信心似乎跌到谷底，消靡殆尽。都已经三个月了！天天练习弹钢琴。自从跟了这位新教授之后，这位教授总是以这种方式整人。现在，他也只好勉强打起精神，开始用自己的十指奋战、奋战、奋战……琴音在练琴室里回旋。

这位新教授是位极其有名的钢琴大师。授课的第一天，他给小钟一份乐谱。"试试看吧！"他朗朗地说。但是乐谱的难度颇高，小钟弹得错误百出，场面非常尴尬。"还不成熟，回去好好练习！"教授在下课时，如此叮嘱小钟。

小钟练习了一个星期，第2周上课时正准备让教授验收，没想到教授并没让他弹那份乐谱，又给他一份难度更高的乐谱："试试看吧！"小钟再次面对更高难度技巧的挑战。

第3周，更难的乐谱又出现了。小钟每次在课堂上都被一份新的乐谱所困扰，然后把它带回去练习，接着再回到课堂上，重新面临两倍难度的乐谱，却怎么样都赶不上进度，一点也没有因为上周练习而有驾轻就熟的感觉，小钟感到越来越不安，甚至有些沮丧和气馁。

第13周上课的时候，小钟再也忍不住了。他向钢琴大师提出自己三个月来的疑问。

教授并没有开口，他抽出最早的那份乐谱，交给了小钟。"弹这份乐谱！"他以坚定的目光望着小钟。

不可思议的事情发生了，连小钟自己都惊讶万分，他居然可以将这首曲子弹奏得如此美妙、如此精湛！教授又让小钟弹了第二堂课的乐谱，小钟依然状态非常出色……演奏结束后，学生怔怔地望着老师，说不出话来。

"如果，我任由你表现最擅长的部分，可能你还在练习最早的那份乐谱，就不会有现在这样的程度……"钢琴大师缓缓地说。

感悟
ganwu

这位教授深深地懂得：熟能生巧，但却不会引发人的潜力，只有不断地挑战自我，冲击生命的极限，才会有所发展。相信自己，发现自我。

不自量的公羊

一头公羊，长得膘肥体壮，一对又粗又长的犄角，高高地挺立，使它更增添了几分威武。

小白兔看见它，又蹦又跳。公羊只微微地斜了一下眼睛，懒得理睬这个小东西，心里想道："你蹦个什么劲儿，想巴结我吗？我才瞧不起你这个没有一丁点本领的小玩意呢！"

小松鼠看见它，抬起两只前腿来，转动着两只机灵的大眼睛。公羊动也不动一下它那威武的脑袋，心里想道："我稀罕你来恭维吗？瞧你那没出息的样子，有一点儿风吹草动，就吓得屁滚尿流、东逃西窜！"

公羊不论遇到什么牛呀，鸡呀，狗呀……都能想出些挖苦的话来，数落它们一番，使自己心中痛快一阵，然后便觉得世界上唯一强大、有本领的动物，只有它自己。

于是，它迈开步子，骄傲地仰着头，在田间小路上大摇大摆地踱起步来。暖融融的阳光，把它的影子投在小路上，它看到地面上自己雄壮的影子，尤其是那两只长长的犄角，那么雄赳赳气昂昂，越发感觉世界上的一切与它相比起来，都是那么的渺小、那么的脆弱。

不用说那坚硬的岩石、高大的树木，就是车轮上铁铸的辐条，在它这双坚硬的犄角面前也是不堪一击。

它昂首阔步地边走边想。看看周围，既没有岩石、树木，也没有车轮，公羊叹了一口气，自言自语道："这都是因为害怕我而躲得远远的了。"

公羊走着走着，在它的前面发现了一道竹子编的篱笆。它轻蔑地斜着眼睛看了看，心里说："小小的篱笆有什么了不起的，不费吹灰之力，我就能把你撞翻！"

于是，它就低下头，四蹄蹬直，憋足了劲，"呼"的一声，冲了上去，撞在了篱笆上。可是，并非公羊想象的那样，篱笆

感悟
ganwu

骄傲总是和不自量力紧紧地连在一起，就像一对孪生兄弟。要是再有无知为他们撑腰，那就更加气焰嚣张。不过，骄傲只能落得失去朋友，饮恨失败的下场。

纹丝未动，而公羊的犄角却被撞伤了。那两只摇摇欲断的犄角，被紧紧地夹在篱笆缝里，怎么也拔不出来了。公羊耷拉着脑袋，缩着脖子，连直溜溜的四条腿也疼得打弯儿了。

· 负重才不会被打翻 ·

一艘货轮卸货后返航。

大海一望无际，风平浪静。水手们悠闲地在甲板上看夕阳。

突然，起风了。乌云一时间压了过来。风越来越大，越来越猛。海浪咆哮着猛烈地冲击船身，船就像一个醉汉，在波涛汹涌的海上东摇西晃。

面临巨大风暴，老船长果断下令："打开所有货舱，立刻往里面灌水。"

水手们担忧："往船里灌水是险上加险，这不是自寻死路吗？"

船长镇定地说："大家见过根深干粗的树被暴风刮倒过吗？被刮倒的是没有根基的小树。"

水手们将信将疑地照着做了。虽然暴风巨浪依旧那么猛烈，但随着货舱里的水位越来越高，货轮渐渐地平稳了。

船长告诉那些松了一口气的水手："一只空木桶，是很容易被风吹翻的，如果装满水负重了，风是吹不倒的。船在负重的时候，是最安全的；空船时，才是最危险的时候。"

· 寡妇亡子 ·

古时候，有个妇人，刚怀上孩子，丈夫就死了。儿子生出来后，没过三个月，又突然得病死了。寡妇非常伤心，整天不吃也不喝，对着儿子的墓哭喊："天哪！我只有你这么一个儿子，现在我活着还有什么意思呢？还是让我也跟你一块儿死吧！"

有一位年长的智者听说寡妇要寻死，就特意跑来劝寡妇。他说："你想让我救活你儿子吗？"

寡妇说："你救活了他，也就等于救活了我。"

智者说："你去找一家从来没死过人的人家，问这家要一根香来点着，你的儿子就会活过来的。"

寡妇向智者磕了个头，将信将疑地走了。

她先是遇到一个农民，问他："你家死过人吗？"

这人回答："我爸爸死了，爷爷死了，当然我的曾祖父也死了。"

寡妇听完，又朝前走，遇到一个打水的女人。寡妇问她："你家死过人吗？"

打水的女人回答："我妈妈死了，我姥姥也死了，当然，我姥姥的妈妈早就死了。"

寡妇又朝前走，遇见一个正在放牛的牧童，寡妇问："小孩子，你家死过人吗？"

牧童回答说，他家也死过人。最后，寡妇问遍了全村所有的人家，每家都死过人。寡妇回到智者身边，智者对她说："你看到了吧，世界上每家都死过人，所有的人最终都会死的。"

寡妇听了这话，马上就明白了，她谢了智者，告别了儿子的墓，不想去死了。

真正强大的力量

2006年5月，哈佛大学研究生院学生会主席竞选进入了白热化阶段。在历史上，担任过这一职务的学生里，曾出过3位美国总统。所以，这一职务有着哈佛"总统"的美誉，竞争异常激烈。

此次竞选很有看点，因为在连续被美国人垄断主席位置数年的历史背景下，中国女孩朱成却成了闯进人们视野、备受关

感 悟
ganwu

生老病死乃人之常情，自然的规律无法阻挡。正因为每个人最终都要面对死亡，生命才显得尤为可贵！

注的一匹黑马。在竞选进入最后阶段的时候，朱成一共有3个主要对手，分别是哈恩、吉米克和隆德里格斯。

由于竞争激烈，大家纷纷各显神通。首先，隆德里格斯出人意料地爆出了哈恩和吉米的丑闻，说他们的家庭和人品有问题，并举出了有关的例子，降低了他们的竞选支持率。隆德里格斯的举动在削弱另两个人的竞争力的同时，也帮了朱成的大忙。此后，朱成的支持率一路攀升。此时，她又开始成为其他3人攻击的目标。

不久，隆德里格斯又爆出了朱成的丑闻，说她以救助南非孤儿为名侵吞了大量捐款，那个孤儿却依然流落街头。

这个谣言让朱成受到了很多选民的质疑。为了证明自己的清白，朱成在学校召开了新闻发布会，她把那个4岁的南非女孩抱到了学校，并且出具了女孩生活得非常幸福的证明。这让隆德里格斯的谣言瞬间烟消云散。由于哈恩和吉米克还没有澄清自己，而隆德里格斯也被证实了有说谎行为，朱成的获胜概率又提升了几分。

为了报复隆德里格斯之前对两人的"毁灭性打击"，哈恩和吉米克趁大家怀疑隆德里格斯的时候，又曝光了一段隆德里格斯在一家超市被警察询问的录像。他们说隆德里格斯因为偷窃而被人抓到，在学校里引起了轩然大波。一时间，隆德里格斯百口难辩，此时，有利的局势再一次倾向了朱成这一边。

2006年5月11日，是整个竞选中最重要的一天，4个竞选者一起召开了新闻发布会。哈恩、吉米克和隆德里格斯都显得有些沮丧，只有朱成依旧保持着端庄的微笑。她走上台说："同学们，我今天想先告诉大学一件事情，就是关于隆德里格斯在超市行窃的事。"

她的话让所有人都屏住了呼吸，隆德里格斯更是因为紧张而攥紧了拳头。朱成说："我认识那家超市的老板，我到他那里去过，问明了整个事情的经过。事实上，隆德里格斯并不是因为行窃而被警察询问，而是因为帮助老板抓到了小偷，才被

感悟 ganwu

内心强大的力量莫过于以一片真情实意对人。去伪存真是做人的起码条件。你以一片诚心对人，别人也会以诚心对你；你以虚情假意对人，别人也会同样对你。与人相处，必须去疑存信，向人敞开自己的心扉，这样你才能赢得他人的信赖和支持。

警察询问情况的！"

霎时，整个发布会现场一片哗然。隆德里格斯惊讶地抬头看了看朱成，微张着嘴，想说什么，又没有说出口。哈恩和吉米克则有些沮丧，他们实在不明白她为什么要帮隆德里格斯澄清丑闻；难道她不明白，一旦他重获清白，就会成为她最大的对手？

竞选的局势再次因为朱成的爆料而扑朔迷离起来。竞选助理埋怨朱成帮了对手一个大忙，朱成只是淡淡地笑了笑，说："我只是希望这次竞争能够公平一些，这样赢得胜利才有意义。"

投票前15分钟，隆德里格斯在广播里宣布了自己退出的消息，并且号召自己的支持者把票投给朱成。他说，他无法像朱成那样真诚与宽容，他已经输掉了竞选。最后，隆德里格斯还表示，如果朱成竞选成功，自己愿意做她的助理，全力协助她在学生会的工作……

2006年6月8日，朱成力挫群雄，成了哈佛第一任华人学生会主席。

那些投票给她的学生说，他们相信，只有内心真正强大的人，才会追求公平、公正，才会看重结果，也享受过程。

找到生命的亮点

一天，一位年轻人悲伤地向老师诉说："我简直是一无所有——相貌平平，体质单薄，大学没考上，无一技之长，父母是普通的农民，一点家庭背景都没有，找一份工作都很难……"

老师耐心地听完他垂头丧气的叙述，平静地说："我给你介绍几个人，你去见见他们，回来我再听你说什么。"

于是他见到了这样几个人——

一个终生坐在轮椅上的青年，靠顽强拼搏，成了著名科学家；

一个下岗10次，仍每天哼着歌在劳务市场寻找机遇的青年，后来凭着他的韧劲成为一家企业的高级管理人员。

感悟
ganwu

我们每个人都是阳光下独特的一个，每个人身上都存在着不少的亮点，都需要我们去细心地发现，让那一个个亮点像灯盏一样照亮心灵，照亮我们注定不应该暗淡的人生。

一个外出打工的农村姑娘，因偶然得到的一个信息，酝酿出一个大胆的设想，不但自己富了，还让自己的村子成为远近闻名的富村……

回到老师那里，精神振奋起来的他，激动得大声说道："老师，比起我所见到的几位青年，我现在比他们当初富有多了，我知道自己该怎么做了。"后来他真的满怀信心地投入生活中，靠着热情、勤奋、执著，做出了许多令人惊讶不已的辉煌业绩。

其实上帝是公平的，它赋予每个人一些亮点和暗影，问题是我们不要总是拿别人身上的亮点同自己身上的暗影相比较，而忘了去寻找自身的亮点，那样只能是越比较越灰心，以致心灵终日沉沦于暗淡之中，没了向上的朝气，没了积极的进取，最终让自己的一生少了许多本该拥有的灿烂。

四个男人和一只箱子

在非洲一片茂密的丛林里走着四个皮包骨头的男子，他们扛着一只沉重的箱子，在茂密的丛林里跟跟跄跄地往前走。

这四个人是：巴里、麦克里斯、约翰斯、吉姆，他们是跟随队长马克格夫进入丛林探险的。马克格夫曾答应给他们优厚的待遇。但是，在任务即将完成的时候，马克格夫不幸得了病而长眠在丛林中。

这个箱子是马克格夫临死前亲手制作的。他十分诚恳地对四人说道："我要你们向我保证，一步也不离开这只箱子。如果你们把箱子送到我朋友麦克唐纳教授手里，你们将分得比金子还要贵重的东西。我想你们会送到的，我也向你们保证，比金子还要贵重的东西，你们一定能得到。"

埋葬了马克格夫以后，这四个人就上路了。但密林的路越来越难走，箱子也越来越沉重，而他们的力气却越来越小了。他们像囚犯一样在泥潭中挣扎着。一切都像是一个噩梦，而只有这只箱子是实在的，是这只箱子在支撑着他们的身躯！否则

感悟 ganwu

马克格夫是个智者，从表面上看，他所给予的只是一堆谎言和一箱木头；其实，他给了他们行动的目标。目标的激励支撑了他们在逆境中继续前行，最终使他们获得了新生。

他们全倒下了。他们互相监视着，不准任何人单独乱动这只箱子。在最艰难的时候，他们想到了未来的报酬是多少，当然，还有比金子还重要的东西……

终于有一天，绿色的屏障突然拉开，他们经过千辛万苦终于走出了丛林。四个人急忙找到麦克唐纳教授，迫不及待地问起应得的报酬。教授似乎没听懂，只是无可奈何地把手一摊，说道："我是一无所有啊，噢，或许箱子里有什么宝贝吧。"于是当着四个人的面，教授打开了箱子，——大家一看，都傻了眼，满满一堆无用的木头！

"这开的是什么玩笑?"约翰斯说。

"屁钱都不值，我早就看出那家伙有神经病!"吉姆吼道。

"比金子还贵重的报酬在哪里? 我们上当了!"麦克里斯愤怒地嚷着。

此刻，只有巴里一声不吭，他想起了他们刚走出的密林里，到处是一堆堆探险者的白骨，他想起了如果没有这只箱子，他们四人或许早就倒下去了……巴里站起来，对伙伴们大声说道：

"你们不要再抱怨了。我们得到了比金子还贵重的东西，那就是生命!"

苦瓜的故事

有一群弟子要出去朝圣。师父拿出一根苦瓜，对弟子们说："随身带着这根苦瓜，记得把它浸泡在每一条你们经过的圣河，并且把它带进你们所朝拜的圣殿，放在圣桌上供养，并朝拜它。"

弟子们朝圣走过许多圣河、圣殿，并依照师父的话去做。回来以后，他们把苦瓜交给师父，师父叫他们把苦瓜煮熟，当做晚餐。

晚餐的时候，师父吃了一口，然后语重心长地说："奇怪呀! 泡过这么多圣水，进过这么多圣殿，这苦瓜竟然没有变甜。"弟子听了，好几位立刻开悟了。

感悟
ganwu

面对生命如同吃苦瓜，时时准备受苦，不是期待苦瓜变甜，而是真正认识那苦的滋味，才是智慧的态度。

第 *6* 章

咀嚼幸福——品尝生活的滋味

什么是幸福？

拥有强壮的体魄就是幸福。

拥有健康的心灵就是幸福。

拥有温暖的亲情就是幸福。

拥有真挚的友谊就是幸福。

能够正常地吃饭、喝水，就是幸福。

能够每天平平安安地走路、玩耍，就是幸福。

能够顺顺利利地接受教育就是幸福。

能够有零花钱买自己喜欢的书籍和食品就是幸福。

能够海阔天空地谈论自己的理想就是幸福。

其实，我们时刻拥有幸福，但是，我们常常不曾察觉。看到别人因缺少某样东西而痛苦时，我们才会认识到自己的幸福。

我们有时候会向往自己很难得到的东西，因暂时无法得到而一度陷入痛苦，却对我们目前所拥有的视而不见，等到目前所拥有的也渐渐失去，才蓦然发现，原来自己一直身处幸福之中。

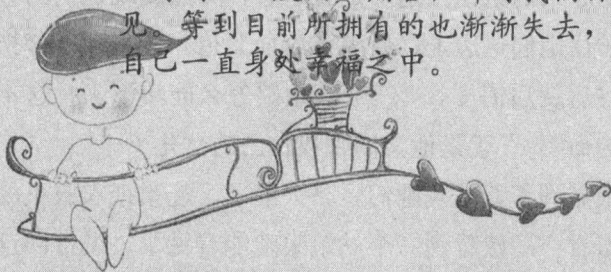

·三个瞎姑娘的故事·

感悟
gǎnwù

幸福就是这样的简单，即使有奇珍异宝也掩盖不住爹爹对自己的感情，因为亲情的幸福是由埋藏在心底的爱织成的。

从前有三个长得很漂亮的姑娘，可惜她们的眼睛看不见充满阳光的世界。她们的亲娘去世了之后，爹爹就给她们娶了一个后娘。后娘嫌这三个姑娘眼睛看不见，只能吃不能做，是个累赘，便想把她们打发走。可是她们的爹爹不忍心，于是后娘就整天在她们的爹爹面前唠叨，最后她们的爹爹经不住后娘的软磨硬泡，只好同意了。

一天早上，后娘对三个姑娘说：今天带你们到姥姥家去玩。三个姑娘高兴极了，于是后娘与爹爹就把她们扶到毛驴上出发了。走到一处山谷，爹爹对三个姑娘说：在这儿停一下，我们要去方便一下。于是就把三个姑娘扶下毛驴，扔在山谷里，后娘与爹爹就偷偷地溜走了。三个姑娘等了好久，父母也没有回来。最后，其中一个姑娘明白了，于是，她告诉其他两个说："他们肯定嫌我们是累赘，不要我们了，现在我们只能自己找路回去了。"

于是，三个姑娘就互相搀扶着往前走，走了好长时间，她们又累又渴，正在这时，她们听到前面有水流的声音，于是她们随着声音来到了一个山洞，山洞里面有一条小河，她们捧起甘甜的河水喝了几口，然后又顺便洗了洗脸。突然间，她们惊喜地叫了起来：我看到了，我看到了！原来这水有神奇的功能，治好了她们的眼病。环顾四周，她们突然发现，山洞里堆满了奇珍异宝，于是她们高兴地用衣服包了一大包。走出山洞，她们沿着原来的路往回走。走着走着，突然发现她们的爹爹正牵着毛驴往她们这边走，后娘在后面紧追。原来，爹爹把她们扔到山谷后就后悔了，"三个瞎姑娘怎么能活下去？这不是要了她们的命吗？"于是他又回来找自己的女儿了。

三个姑娘见到爹爹来找她们，高兴极了，赶紧把衣服里的宝贝拿给爹爹看。后娘看到三个姑娘眼睛能看见了，又带回这

么多宝贝，羞愧极了。她赶紧上前把三个姑娘扶到驴背上，一家人高高兴兴地回家了。

感恩的心

小伙子是个来城市里打工的农村青年，给我们家装阳台窗户。一整天，他都闷头干活，也不说话，一直干到很晚。见他那么老实，我们留他吃晚饭。他很拘谨，连菜也不敢夹，妈妈热情地招呼他，就像对一个远道而来的客人，爸爸则递烟给他，跟他扯家常。原来，他是考上了大学，而那年他的弟弟也考上了县城的重点高中，家里太穷，负担不起两个人，他只好放弃上大学外出打工。如今，他媳妇也娶了，儿子也生了，安心当了农民。我们听了，不禁欷歔。妈妈想得实际而周到，翻拣出我们退下来的旧衣物还有洗衣粉等洗涤用品，装了满满半袋子送给他。他涨红了脸，推辞着不肯收。妈妈说，这都是我们不用的，闲放着也是闲放着，给你就拿着，回去也好帮衬媳妇过日子。他低头接过袋子，连句道谢的话也没有，扭头就走了。

日子像往常一样，一天天过去了，家里人很快就忘记了这件事。

半年后的一天，有人敲门。我开门一看，一个农民打扮、背着口袋的青年站在门口，我不认得他。他说，是我啊，给你家装窗户的。我忙招呼他进门，他拘束地坐在沙发上，搓着手缓缓地说，麦收的时候，他回了一趟家，说起我们帮他的事，全家人都很高兴。他们想表示对我们的感谢，却找不出合适的办法。家里人商量了好久，最后他娘说把家里新收的粮食拣好的带上点，让我们尝尝鲜。那口袋里是新收的小米、黄豆、绿豆，还有新玉米面。

青年人放下东西，走了。我们却为这意外的结果，感慨不已。我不知道，在城市里辗转打工的他如何在看似一模一样的

感悟
gǎnwù

幸福是施，幸福是受，幸福是拥有一颗感恩的心。

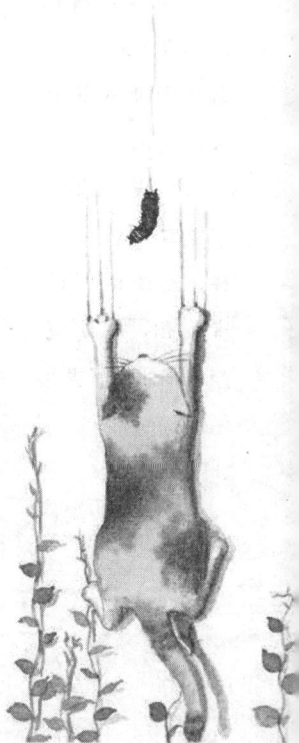

楼群里牢牢认准了我的家，事隔半年后又准确地找了回来；我也不知道，他的心里究竟存着怎样的想法足以让害羞的他鼓足勇气再次走进我的家门。我所知道的是，我曾接受过比他更大更多的帮助，可没有像他这样执著地心存感激，表达谢意；我也曾给予别人比他更多的支持和帮助，我也不曾收到只字片语的谢意。当我认为这一切都是理所当然时，这个打工的青年却给我上了生动的一课。

· 幸福的秘密 ·

有位富有的商人，把儿子派往世界上最有智慧的人那里，去讨教幸福的秘密。少年在沙漠里走了40天，终于来到一座位于山顶上的美丽城堡。那里住着他要寻找的智者。我们的主人公走进一间大厅，他并没有遇到一位圣人，相反，却目睹了一个热闹非凡的场面：人们进进出出，每个角落都有人在交谈，一支小乐队在演奏轻柔的乐曲，一张桌子上摆满了美味佳肴。智者正在一个一个地同大厅里的人谈话，少年静静地等待着。经过漫长的等待，终于轮到少年与智者谈话了。智者认真地听了少年来访的原因，但是，他说他现在没有时间向少年讲解幸福的秘密。他建议少年在他的宫殿里转上一圈，两个小时之后再回来找他。"与此同时我要求你办一件事，"智者边说边把一个汤匙递给少年，并在里面滴进了两滴油，"当你走路的时候，拿好这个汤匙，不要让油洒出来。"少年开始沿着宫殿的台阶上上下下，眼睛始终紧盯着汤匙不放。两个小时之后，他回到了智者的面前。"你看到我餐厅里的波斯壁毯了吗？看到园艺大师花10年心血创造出来的花园了吗？注意到我图书馆里陈列的精美的艺术品了吗？"智者问道。少年十分尴尬，坦率地承认他什么也没有看到。他当时唯一关心的只有智者的叮嘱，尽量不让油从汤匙里洒出来。"那你就回去见识一下我这里的美景奇物吧，"智者说

感悟
gǎnwù

要么只顾着汤匙里的油，要么只顾着欣赏美景，我们在实际生活中是否也常常像这个少年一样，无法做到两者兼顾，无法窥知幸福的秘密呢？

道，"如果你不了解一个人的家，你就不能完全了解一个人。"少年轻松多了，他拿起汤匙重新回到宫殿漫步。这一次他注意到了天花板和墙壁上悬挂的所有艺术品，观赏了花园和周围的山景，看到了娇艳美丽的花儿。当他再次回到智者面前时，他兴高采烈地讲述起见到的一切。"可是我交给你的两滴油在哪里呢？"智者问道。少年一愣，朝汤匙望去。

油已经洒光了。"那么这就是我要给你的唯一忠告，"智者说道，"幸福的秘密在于欣赏世界上所有的奇观异景，同时永远不要忘记汤匙里的两滴油。"

懂事的儿子

儿子学会花钱之后，麻烦就来啦。先是压岁钱他知道讨要了，而且是理直气壮、气急败坏：你这个妈妈呀，我的压岁钱你给我花到哪儿去了？这时候再英雄的母亲也有点气短起来，有点不好意思：我把它用来还账了！一听说还账，小家伙不闹了，还懂事地说："妈妈，别着急，等我长大工作了，一定会还的。"

至于金钱数量的概念，他虽然念懂了加减乘除，却仍然想不明白多和少的关系。有一天说到挣钱，他突发奇想："妈妈，不如把我卖掉来还你钱。"奶奶逗他说："你能卖多少钱呀？"小家伙一听，"呼"地从沙发上站起来，顺手扯过一条毛巾比划着："我就学小三毛，我卖一万元！"老祖母一听乐了，故意逗他："一万元太贵了没人要。"小家伙急了，生怕卖不掉的样子，拿小拇指比划起来：那我就卖一两黄金。"一两黄金能干什么呀？"小家伙很开心地说："我可以从超市里买到许多好吃的！"

应该说儿子手里并没有多少钱，他却是慷慨大方得要命，他整天不是跟他奶奶许诺就是跟妈妈许诺。假设我能挣三包的钱，一包先给妈妈让她还债；第二包就给奶奶，因为她老了，挣不了钱了；第三包我要自己留着买好吃的！有一天小家伙和

感 悟
ganwu

懂事体贴的儿子一次又一次地让家人感受到幸福。浓浓的亲情就这样无声无息地让幸福绽放在我们的周围。

我乘公交车外出，回来的时候钱花光了，掏了半天也没找到零钱，正犯愁，儿子的小手伸出来："给，妈妈，我有钱！"他拿出的是5毛钱，口气和神情却英雄得像个男子汉，逗得乘客和售票员一车人都哈哈大笑。

今年夏天他的储钱罐里可真是有了50元钱，30元是奶奶的压岁钱，有了去年的前车之鉴我没好意思再花儿子的钱，这30元就一直保留着，后来他的小姨来了，塞给他20元钱说："小宝，你爱吃什么就随便买点吧！"儿子有了钱并没有想着去买好吃的，有一段时间他的袜子缺货了，都被他弄丢了，现在个个都成了"单身汉"，我没有时间，儿子就嚷嚷着拿自己的钱自己去早市买袜子。小家伙认真张罗起来，和奶奶郑重其事地讨论乘什么交通工具划算，花多少钱买多少东西的问题。大家都当成了笑谈，因为小家伙除了热衷于买吃买喝，其他东西全不感冒。没想到，小家伙这次动真格的了，晚上回来就向我报喜："看，这是我买的袜子，好看吗？""嗯，挺漂亮，花了多少钱了？"我问。"我奶奶花钱给我买的袜子，我花20块钱给奶奶买了一件上衣！"啊，可能吗？小家伙这么懂事啊！大家开始大惊小怪。最后他的50元钱还是原封不动地待在储钱罐里。

功夫不负有心人，花钱的机会终于来了。一天晚上就要睡下了，他趴在我的耳边悄悄地说："奶奶告诉我，叔叔不让小玲姐上学了！"我有点生气，怪奶奶不该把大人的事胡乱告诉孩子，正担心他睡不着呢！他扑过来搂着我的脖子说："妈妈，你说让小玲姐和我一起上学好不好？"看我点头答应了，小家伙高兴得手舞足蹈："这下好了，我可以和我小玲姐一起念书了！"躺在床上，孩子翻来覆去地睡不着，显然还有什么疑难问题闷在心里，终于还是忍不住问我："小玲姐上学没有钱怎么办？你给不给？""傻小子，我怎么能不给呢？"看我笑着痛快地答应了，他才放心地重新躺下安然睡去了。

又过了一个星期，我们都把他的50块钱的故事给忘掉了，

他又悄悄地趴到我的耳边说："妈妈，我把我的 50 元钱送给小玲姐了，他们家太穷了！"

我正在洗衣服，手上沾满肥皂泡却忍不住拿它去擦湿润的眼睛。这是幸福的泪，儿子已经学会如何去照顾别人了，我还有什么可担心的呢！

生命中的感动

圣诞节前一个星期二的下午，我们一家四口人钻进自己家的福特皮卡去送货，车后座忽然轻声地传来这样一个问题："爸爸，"我 4 岁的儿子——帕特问道，"我怎么从来没见你哭过呢？"

儿子问得这么突然，我感到很错愕，我们都已经接受了这种信念，坚忍克己才是力量的体现。在人生道路上，我们总是抿着双唇，丝毫不让自己有任何的感情外露，内心的情感不知不觉中已枯竭了。

第二天，我带帕特去公园玩，在驾车返家途中，我对他的好奇表示了谢意。流眼泪是件好事情，我告诉他，无论对于男孩还是女孩，哭泣是当人们悲哀时，上帝拯救他们的方法。"我很高兴，在你觉得伤心的时候，你都能哭出来，"我说，"有时候做爸爸的比较难以表达情感，我希望有一天我会做得更好。"

帕特点点头。事实上，我对此不抱什么希望，但圣诞节前的那些日子里，我祈祷着无论如何也要揭开我那尘封的感情了。

"不知道帕特是否愿意在平安夜的礼拜仪式上演唱圣诗呢？"年轻的教堂主持在我们的电话留言里问道。

我的妻子凯蒂和我都拼命地抑制着内心的兴奋。这是我们的儿子第一次独唱。

凯蒂很巧妙地向帕特问及这件事的可能性。她提醒帕特，他的歌唱得有多动听，告诉他那是多么有趣的事。帕特皱着眉头，似乎不大相信这些话。"你知道的，妈妈，"他说，"有时

感 悟
ganwu

幸福就是一种微妙的感受，有时它会突然从天而降，有时它会如平静的泉水汩汩地从我们身边缓缓流过，无声无息。

候，当我要做一件重要的事情时，我总觉得紧张、害怕。"

我们告诉他任何人都有这样的感觉，但最后还得由他自己决定。他只沉思了几分钟。"好吧，"帕特说，"我去。"

在接下来的那个星期，帕特和他的妈妈把圣诗练习了好多次。在教堂里举行的彩排非常成功。相比起来，在我5岁的时候只能想象自己在数百人面前对着麦克风歌唱，而当平安夜到来的时候，我的期望就会落空。

凯蒂、我和其他的人坐在黑暗当中，当一盏聚光灯掠过时，我找到了我儿子，他一个人站在麦克风前面。

帕特自信地唱出了每一个音符。他的声音陶醉了在座的每一个人，他就像是一个真正的天使，上帝赐予的一件奇迹般的圣诞礼物。

那晚，帕特的声音里似乎蕴涵着永恒，他的声音圆润。聆听着儿子的歌声，大颗大颗的泪珠从我眼角涌了出来。

他的歌很快唱完了，大家都鼓起掌来。凯蒂擦拭着眼泪，女儿维斯丽在我身旁不住地哽咽。

演唱结束后，我去向帕特道贺，但他却急着做别的事情。"爸爸，"他一边脱衣服一边说，"我得先去浴室。"

"帕特，你还记得你问过我为什么没有见过我哭吗？"他点点头。

"我在哭呢。帕特。"

"为什么呢，爸爸？"

"因为你的歌唱得太好了。有时候，生活会美得让你流泪。"

·哥哥的心愿·

圣诞节时，保罗的哥哥送他一辆新车。圣诞节当天，保罗离开办公室时，一个男孩绕着那辆闪闪发亮的新车，十分赞叹地问："先生，这是你的车？"

保罗点点头："这是我哥哥送给我的圣诞节礼物。"男孩满脸惊讶，支支吾吾地说："你是说这是你哥哥送的礼物，没花你半毛钱？我也好希望能……"当然保罗以为他是希望能有个送他车子的哥哥，但那男孩所谈的却让保罗十分震撼。

"我希望自己能成为送车给弟弟的哥哥。"男孩继续说。保罗惊愕地看着那男孩，冲口而出地邀请他："你要不要坐我的车去兜风？"男孩兴高采烈地坐上车。

绕了一小段路之后，那孩子眼中充满兴奋地说："先生，你能不能把车子开到我家门前？"保罗微笑，他心想那男孩必定是要向邻居炫耀，让大家知道他坐了一部大车子回家。没想到保罗这次又猜错了。

你能不能把车子停在那两级阶梯前？男孩要求。男孩跑上了阶梯，过了一会儿保罗听到他回来的声音，但动作似乎有些缓慢。原来他带着跛脚的弟弟出来，将他安置在台阶上，紧紧地抱着他，指着那辆新车。

只听那男孩告诉弟弟："你看，这就是我刚才在楼上告诉你的那辆新车。这是保罗他哥哥送给他的哦！将来我也会送给你一辆像这样的车，到那时候你便能去看看那些挂在窗口的圣诞节的漂亮饰品了。"

保罗走下车子，将跛脚男孩抱到车子的前座。满眼闪亮的大男孩也爬上车子，坐在弟弟的旁边。就这样他们三人开始了一次令人难忘的假日兜风。

那一次的圣诞夜中，保罗才真正体会"施比受更有福"的道理。

感 悟
ganwu

得到常常让人感到快乐，其实，给予所带给人的幸福比得到更加强烈！

169

生命的养料

我们都是幸运的，从小就很健康，不仅心理没有缺陷，肉体上也没有什么创伤，我们应该看到自己现在所拥有的，哪怕只是一杯清水，一阵清风或者一片爱心！珍惜现在的你，不要总是抱怨自己的命运，幸福需要自己用双手去创造，而不是不停地抱怨。生活的真谛是懂得满足，懂得向别人献爱心！

一个小男孩几乎认为自己是世界上最不幸的孩子，因为患脊髓灰质炎而留下了瘸腿和参差不齐且突出的牙齿。他很少与同学们游戏或玩耍，老师叫他回答问题时，他也总是低着头一言不发。

在一个平常的春天，小男孩的父亲从邻居家讨了一些树苗，他想把它们栽在房前。他叫他的孩子们每人栽一棵。父亲对孩子们说，谁栽的树苗长得最好，就给谁买一件最喜欢的礼物。小男孩也想得到父亲的礼物，但看到兄妹们蹦蹦跳跳提水浇树的身影，不知怎么地，萌生出一种阴冷的想法：希望自己栽的那棵树早点儿死去。所以浇过一两次水后，再也没去搭理它。

几天后，小男孩再去看他种的那棵树时，惊奇地发现它不仅没有枯萎，而且还长出了几片新叶子，与兄妹们种的树相比，显得更嫩绿、更有生气。父亲兑现了他的诺言，为小男孩买了一件他最喜欢的礼物，并对他说，从他栽的树来看，他长大后一定能成为一名出色的植物学家。

从那以后，小男孩慢慢变得乐观向上起来。

一天晚上，小男孩躺在床上睡不着，看着窗外那明亮皎洁的月光，忽然想起生物老师曾说过的话：植物一般都在晚上生长，何不去看看自己种的那棵小树。当他轻手轻脚来到院子里时，却看见父亲用勺子在向自己栽种的那棵树下泼洒着什么。顿时，一切都明白了，原来父亲一直在偷偷地为自己栽种的那棵小树施肥！他返回房间，任凭泪水肆意地奔流……

几十年过去了，那瘸腿的小男孩虽然没有成为一名植物学家，但他却成为了美国总统，他的名字叫富兰克林·罗斯福。

爱是生命中最好的养料，哪怕只是一勺清水，也能使生命之树苗壮成长。也许那树是那样的平凡、不起眼，也许那树是如此的瘦小，甚至还有些枯萎，但只要有足够的养料的浇灌，它就能长得枝繁叶茂，甚至长成参天大树。

爱是人类一种基本的生理需要，每个人都渴望着父母、配偶、子女、朋友的爱与关注、体贴与肯定，有的时候还希望听到夸赞和美誉之辞。对孩子，仅仅让他吃饱穿暖是不够的，父母需要用自己的行动给孩子的心灵以爱的滋润。在爱的氛围中长大的孩子，他们会充满爱心，知道如何去表达自身的诚意和友情，和周围的人有着良好的关系，也能得到他人的爱。当然，这样的孩子也能比其他人获得更多的幸福和愉快。因此，爱是彻底的接纳、包容和承担。爱不是花，爱是孕育花朵的泥土，是泥土中最精粹的养料。

不幸与公平

一个青年人非常的不幸。10 岁时母亲得病去世，他不得不学会洗衣做饭，照顾自己，因为他的父亲是位长途汽车司机，很少在家。

7 年后，他的父亲又死于车祸，他必须学会谋生，养活自己，他再没有人可以依靠了。

20 岁时他在一次工程事故中失去了左腿，他不得不学会应付随之而来的不便，他学会了用拐杖行走，倔强的他从不轻易请求别人的帮助。最后他拿出所有的积蓄办了一个养鱼场。然而，一场突如其来的洪水将他的劳动和希望毫不留情地一扫而光。

他终于忍无可忍了，他找到了上帝，愤怒地责问上帝："你为什么对我这样不公平？"

上帝反问他："你为什么说我对你不公平？"

他把他的不幸讲给了上帝。

"噢！是这样，的确有些凄惨，可为什么你还要活下去呢？"

年轻人被激怒了："我不会死的，我经历了这么多不幸的

事，没有什么能让我感到害怕。终有一天我会创造出幸福的！"

上帝笑了，他打开地狱之门，指着一个鬼魂给他看，说："那个人生前比你幸运得多，他几乎是一路顺风走到生命的终点，只是最后一次和你一样，在同一场洪水中失去了他所有的财富。不同的是他自杀了，而你却坚强地活着……"

儿子，等你回家

感悟
ganwu

走错了路的人生就像一杯苦咖啡，亲人就是一块块方糖。有了他们的陪伴，在品尝咖啡的苦涩时，才有了甜甜的感觉；有了他们的陪伴，你的人生依然是幸福的。

世界上大多数父亲都是这样的：他们生性含蓄，总是把爱深埋于心中，不予言说，但如果你需要，他们一定会站在你身后，做你最坚强的后盾，给你勇气和力量！

我见过这样一位父亲，他含辛茹苦地将自己的儿子养大，可是，儿子却不争气，染上了毒瘾。无奈之下，父亲将他送进了戒毒所，戒毒所距离他的家乡有800多里。可是父亲还是执意要去探望在戒毒所里的儿子。

戒毒所坐落在荒郊野外，车在乡间土路上颠簸着。路边，野葵和蒲公英开得正盛，一些鸟在草地间飞起又落下。天空很蓝，显得很高远。父亲的心，却低落得如一株衰败的草。

一路上，他在心里不停地痛骂着儿子，想着儿子的种种不是，他也怨过，儿子毁了一个家，毁了他。他含辛茹苦地养大儿子，为他在城里买了房，买了车，帮他娶了媳妇。那个不肖子，却被一帮狐朋狗友拖下水，去吸食毒品。房子吸没了，车子吸没了，媳妇吸跑了……父亲一辈子积攒的家业，几乎也被他掏空了。

车子一路向前，野葵和蒲公英一路跟着。终于，远远望见了几幢房子，青砖青瓦连在一起，坐落在一块开阔之地。一看表，快上午10点了。他急了，心里想："也不知能不能见着。"因为这家戒毒所规定，上午10点之后，一律不允许探视。

他一口气跑到大门口，还好，还有 15 分钟的时间。办完相关手续，这个父亲一秒也不曾停留，急急火火地往探视室跑。很快，他儿子被管教干部带了进来。高高壮壮的年轻人，脸上既无欢喜也无悲伤。看到父亲，他嘴角稍稍撇了撇，有嘲讽的意味。一层玻璃隔着，他在里头，父亲在外头。从他进来起，父亲就一直盯着他，话筒拿在手上，却不说话。

探视的时间快要过去了，管教干部已进来提醒了。一直跟儿子对峙着的父亲这才掉过头来，一脸的悲戚，对着管教干部低声嘟哝着："里面的日子不好过吧，他黑了，也瘦了。"

他转身问别人借了纸笔，只见他低头在纸上迅速写下几个字，贴到玻璃窗上给儿子看。里面的年轻人，看着看着，神情变了，两行泪缓缓地从腮边滚落下来。

探视结束后，我看到这位父亲在纸上留下的字，那几个字是：儿子，等你回家。

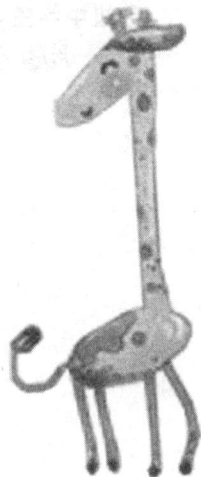

幸福的钻石就在我们的身边

从前有个年轻英俊的国王，他既有权势又很富有，但却为两个问题所困扰，他经常不断地问自己，他一生中最重要的时光是什么时候？他一生中最重要的人是谁？

于是，他对全世界的哲学家宣布，凡是能圆满地回答出这两个问题的人，将分享他的财富。哲学家们从世界各个角落赶来了，但他们的答案却没有一个能让国王满意。这时有人告诉国王说，在很远的山里住着一位非常有智慧的老人，也许老人能帮他找到答案。国王到达那个智慧老人居住的山脚下时，他装扮成了一个农民。他来到智慧老人住的简陋的小屋前，发现老人盘腿坐在地上正在挖着什么。"听说你是个很有智慧的人，能回答所有问题，"国王说，"你能告诉我谁是我生命中最重要的人？什么时候是最重要的时刻吗？"

"帮我挖点土豆，"老人说，"把它们拿到河边洗干净。我烧些水，你可以和我一起喝点汤。"

国王以为这是对他的考验，就照他说的做了。他和老人一起待了几天，希望他的问题能得到解答，但老人却没有回答。

最后，国王对自己和这个人一起浪费了好几天时间感到非常气愤。他拿出自己的国王玉玺，表明了自己的身份，宣布老人是个骗子。

老人说："我们第一天相遇时，我就回答了你的问题，但你没明白我的答案。"

"你的意思是什么呢?"国王问。

"你来的时候我向你表示欢迎，让你住在我家里。"老人接着说，"要知道过去的已经过去，将来的还未来临——你生命中最重要的时刻就是现在，你生命中最重要的人就是现在和你待在一起的人，因为正是他和你分享并体验着生活啊。"

· 幸福的女儿 ·

法国前总统戴高乐，不仅是法兰西人民心目中的民族英雄，也是一位值得称赞的父亲。

戴高乐夫人怀有身孕的时候，不幸遇到了车祸，经医生及时的抢救才转危为安。不久，女儿小安娜便诞生了。遗憾的是，由于夫人在治疗过程中服用了大量的药物，致使小安娜生下来就是一个迟钝弱智的孩子。

当时的各种媒体纷纷传言戴高乐夫妇将会丢弃那个孩子。面对这样的现实，戴高乐夫人没有一点厌烦的表示，她对丈夫说："宁可放弃自己所有的地位和金钱，也要让安娜享受一个正常孩子的欢乐。"戴高乐十分同意妻子的话，他坚定地说："不是安娜自己要求到人间的，我们两个人的责任，就是让孩子获得真正的幸福。"

为了使安娜生活在一个更加安静的环境里，戴高乐夫妇节衣缩食购买了一处环境优美的住宅，使安娜既可以避开众人古怪的目光，又可以安静地与父母在一起，让安娜感觉到自己是一个和别人一样的孩子。

戴高乐身材魁梧，身居高职，外表看上去十分威严，似乎令人难以接近，但对这个女儿却十分慈祥。他对安娜的每一个要求都尽量满足，从不拒绝。随着小安娜的逐渐长大，每天饭后，戴高乐总拉着女儿的手围着花园散步，还不时地为她讲故事，唱一些快乐的歌儿。

有一次，小安娜不知为什么哭哭啼啼，不吃饭，也不愿睡觉，戴高乐想了很多办法哄女儿，却怎么也哄不好。戴高乐绞尽脑汁、想尽办法，可是三天过去了，女儿的情绪还是没好转。戴高乐想既然哄不好她，那就分散她的注意力吧，于是他手舞足蹈地乱比划一气，谁知安娜竟看着戴高乐不哭了。戴高乐以为女儿的情绪好了，高兴极了，谁想他一放下手，小安娜又"哇哇"大哭起来。戴高乐仿佛又找到了小安娜的嗜好似的，立刻又充满激情地舞动起来，这次他不是乱舞，而是有情节、有表情，像是哑剧，看得小安娜发出"咯咯"的笑声。戴高乐也笑了，要知道让这样一个孩子发出一声幸福的笑声是多么不容易啊！

从此，只要戴高乐一有空就陪女儿听音乐，给女儿表演哑剧，甚至他自己工作累了，也以给女儿表演哑剧来放松心情，因为他在享受天伦之乐的幸福。

戴高乐是唯一能使小安娜发笑的人，为了和女儿进行沟通，戴高乐在女儿很小的时候，就去聋哑学校学一些标准的手势，回来教给女儿，他要让女儿学会和别人进行沟通。他还经常带安娜出去玩耍，安娜玩起来很疯，不管自己多累，每次戴高乐都坚持到最后，一直到小安娜玩得疲倦了，伏在爸爸的怀里甜甜地睡着。

感悟
ganwu

在世间的所有感情中，亲情是最伟大最感人的。也许你有着这样或那样的不幸，但在父母眼里，你就是他们的幸福，他们把爱给了你，你就是天底下最幸福的那个人。

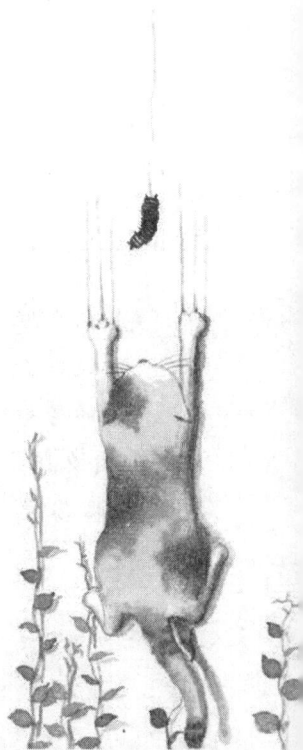

175

多少年如一日，戴高乐陪伴女儿的时候，从来没有急躁和厌烦过。即使在"二战"流亡期间，他也没忘记把女儿安娜带在自己身边。

安娜在即将欢度20周岁生日的时候，不幸被肝炎夺去了生命。安葬仪式结束后，戴高乐夫妇含着热泪，站在女儿的墓前久久不愿离去，好像有许多话要向孩子倾诉。天已经黑了，戴高乐才对妻子说："走吧，现在她已经和别人一样了。"安娜去世后，戴高乐总统在痛苦中决定：将安娜生前住过的房子改建为"安娜·戴高乐基金会"办公处，决定继续帮助和女儿一样有残疾的孩子。

· 看 夕 阳 ·

这是发生在美国洛杉矶的一个真实的故事。

一天两位老人离开旅行团，相携着到山崖上看夕阳。夕阳无限好。橘红的霞光燃烧了西天的云絮，犹如一场缤纷而下的太阳雨溅落在山石草木上，跳动着灿烂无比的光芒。

两位老人站在崖边，如痴如醉地欣赏着无限美景。

突然，她感到有一个东西往下坠落。

她下意识地伸手一拽，拽住的正是她失足的丈夫。

她拽住他实在有些支撑不住。她的手麻木了，胳膊又肿又胀，仿佛随时间和身子断裂开了。她知道她瘦弱的胳膊根本经不住他太沉的身子。她只能换用牙齿死死咬住他的衣领，坚持到最后一刻。她企望有人猝然出现使他绝处逢生！

他悬空在山崖上，就等于把生命之符钉在鬼门关上。在这日薄西山的傍晚，有谁还会来到山崖上，注意到他们这一幕呢?! 他说："放下我吧，亲爱的……"

她紧紧咬住牙关无法开口。她只能用眼神示意他不要吱声。

感 悟
ganwu

美丽的夕阳中，一对经历了生死考验的老夫妇一起看夕阳，幸福自此弥漫开去。

一分钟过去了。

两分钟过去了。

十分钟过去了。

冥冥中，他感到有热热的黏黏的液体滴落在他的脸上。他敏感地意识到血是从她的嘴巴里流出来的，似乎还带着一种咸咸的味道。他又一次央求她道："亲爱的，放下我吧！有你这片心意就足够了，面对死亡，我不会埋怨你的……"

她仍然死死咬住他的衣领，无法开口说话。她只能用眼神再次阻止他不要挣扎。

一分钟过去了。

两分钟过去了。

他感到有大颗大颗热热的液体，吧嗒吧嗒滴在他的脸上。他知道她的七窍在出血了。他肝肠寸断却又无可奈何。他知道她在用一颗坚毅的心，和死神相峙、对抗、争夺。他幡然感悟到生命的分量。

不知过了多少时间，旅游团的人们举着火炬找到山崖上才救下他们。

她在洛杉矶的一家医院住了好长时间。

那件事发生后，她的整个牙齿都脱落了，人也从此再没有站起来。

他每天用轮椅推着她，走在街上，去看夕阳。

他说："当初你干吗拼命救下我这个糟老头子呢，亲爱的？你看你的牙齿……"

她喃喃道："亲爱的，我知道我当时一松口，那么失去的就是一生的幸福……"

他推着她向夕阳走去。

人们都看着他俩融在夕阳里，成为美丽的一景。

·幸 福·

为什么一有缺憾就拼命去补足？有时，正因为缺憾，未来就有了无限的转机、无限的可能性，这又何尝不是一件值得高兴的事？

逃避不一定躲得过，面对不一定最难受；孤单不一定不快乐，得到不一定能长久；失去不一定不再有，转身不一定最软弱。

国王有7个女儿，这7位美丽的公主是国王的骄傲。她们那一头乌黑亮丽的长发远近皆知，所以国王送给她们每人100个漂亮的发夹。

有一天早上，大公主醒来，一如既往地用发夹整理她的秀发，却发现少了一个发夹，于是她偷偷地到了二公主的房里，拿走了一个发夹。

二公主发现少了一个发夹，便到三公主房里拿走一个发夹。

三公主发现少了一个发夹，也偷偷地拿走四公主的一个发夹。

四公主如法炮制拿走了五公主的。

五公主一样拿走六公主的。

六公主只好拿走七公主的。

于是，七公主的发夹只剩下99个。

隔天，邻国英俊的王子忽然来到皇宫，他对国王说："昨天我养的百灵鸟叼回了一个发夹，我想这一定是属于公主们的，而这也真是一种奇妙的缘分，不晓得是哪位公主掉了发夹？"

公主们听到了这件事，都在心里想说："是我掉的，是我掉的。"可是头上明明完整地别着100个发夹，所以都懊恼得很，却说不出口。

只有七公主走出来说："我掉了一个发夹。"

话才说完，一头漂亮的长发因为少了一个发夹，全部披散

下来，王子不由得看呆了。

从此王子与七公主一起过着幸福快乐的日子。

平安、健康、幸福

从前有位国王，他有四位妻子。国王最爱他的第四位妻子，给她穿最好的衣服，给她吃最美味的佳肴。

国王也很爱他的第三个妻子，常带着她去邻国访问。

国王同样爱着他的第二位妻子。她是国王的知心人。国王凡是遇到什么麻烦事，总要去找她商量并在她的帮助下渡过难关。

国王的第一位妻子对他忠心耿耿，为帮助国王守住财富付出了很多努力，然而国王却并不珍惜这位妻子。尽管她深爱着国王，国王却无动于衷。

终于，国王病重，时日无多。他暗想："我有四个妻子，死的时候却只能一个人去吗？"于是他问第四个妻子："我最爱你，你能陪我一起进坟墓吗？""想都别想！"这位妻子丢下一句话，头也不回地走了。

伤心的国王于是问第三个妻子："我一辈子都爱你，你准备好同我一起去了吗？""不！"这位妻子答道，"你死了，我就改嫁。"

接着他问他的第二位妻子："你总能帮我。现在，你能同我一起去吗？"

她的回答是："这次我可帮不了你，我能做的至多是给你下葬。"

这时，一个声音传来："我陪你去，你去哪儿我都陪着你。"

国王朝着声音传来的方向望去，原来是他的第一位妻子。望着这位骨瘦如柴的妻子，国王热泪盈眶地说："我早该对你好一点。"

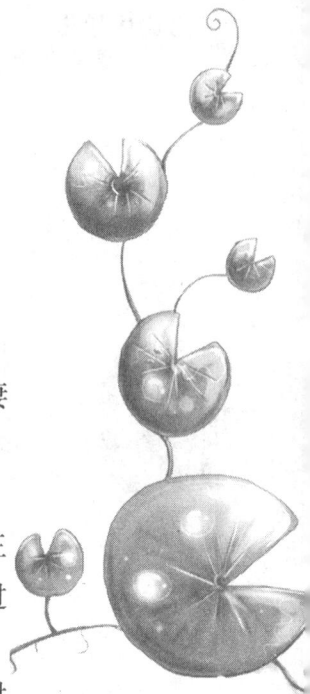

感悟
ganwu

第一位妻子，是心灵。人生在世，人们总在不断追逐财富、权力和欢娱，反而忽视了心灵。然而只有心灵才会陪伴我们走到天涯海角。

实际上，每一个人的一生中都有四位妻子。第四位妻子是我们的身体。无论在世时耗费多少时间和精力去保养，一旦离开人世，身体也就离我们而去。

第三位妻子是财富、权力和地位。哪天我们死了，这些东西都将落到别人的手里。

第二位妻子是我们的家人和朋友。无论他们愿意给予我们多大的帮助，至多也只能陪我们走到墓穴的门口。

医院里找幸福

有对夫妇，整天吵闹不休。原因出在女方身上。她每天有事没事必须发动一次"战争"，就像常人一日三餐必不可缺一样。丈夫被妻子弄得苦不堪言。

一个星期天，丈夫趁妻子心情好的时候，要求带妻子到一个地方走一走。妻子以为带她逛公园去，高兴地打扮一番去了。殊不知丈夫将妻子带到一家大型医院转来转去。

回到家，妻子火便来了，什么地方不去，偏偏到那个到处是病人呻吟或从手术室推出一具尸体，后面跟着一群亲人号啕痛哭的鬼地方去。妻子骂了一阵，见丈夫不理她，越发觉得丈夫有意在捉弄她，于是坐在院子里伤心地痛哭起来……

一会儿丈夫来了，手里拿着妻子平时梳头的木梳子，慢慢地替泪痕满面的妻子梳着头。妻子看到平时顶嘴的丈夫一反常态，感到奇怪。打开他的手道："不要你假惺惺地对我好，只要你不惹我生气就行了。"丈夫想说：我根本没惹你，都是你自己没事找事。话刚出口他改变了字眼说："亲爱的，都是我不好行吗？原谅我吧！"妻子惊诧不已："你今天怎么啦？好像换了个人似的。"丈夫笑笑："我还是我呀。"妻子去抢丈夫手里的梳子："我自己梳吧，我不需要你的虚情假意。"丈夫不让，继续替妻子梳着："我一直对你是真心实意，只是你忽略

了罢了。"妻子回头望着丈夫："你今天为何要带我去那个鬼地方，什么意思呢？"丈夫没有马上回答妻子，仍然仔细地替妻子梳着头，良久沉重一叹："你今天不是看到了吗？那么多人不幸地躺在那里，或痛苦呻吟或不幸死了；你应该明白，生命无常，今天我替你梳头，谁敢保证明年或更近一些日子，我还有没有机会再替你梳头呢……"妻子翻然醒悟，浑身一颤。"我们能健康地活着多么幸福啊！为何不懂得珍惜呢……"

幸福的味道

　　有一个人，他生前善良、热心助人，死后，他升上天堂做了天使。他当了天使之后，仍然常常到凡间帮助人，希望能享受到幸福的味道。

　　一天，他遇见一个农夫，农夫的样子看上去非常的苦恼，他向天使诉说自己心中的苦衷："我家那头大水牛刚死了，它可是我家仅有的财产。没它帮忙犁田，我怎么种地呀？"

　　于是天使赐他一头健壮的水牛，农夫很高兴，天使在他的身上感受到幸福的味道。

　　天使到处飞翔，寻找能够体会幸福的机会。一天，他遇见一个潦倒的妇人，妇人非常沮丧，她向天使诉说自己的遭遇："我的钱被骗子骗光了，回乡路还很远，没有了钱，我会被饿死的。"于是天使给她银两做路费，妇人很高兴，天使在她身上感受到了幸福的味道。

　　时隔多日，他在路上遇见一个才华横溢而且富有的诗人。诗人的妻子漂亮而温柔，但他却觉得自己过得不快活。天使问他："你不快乐吗？我能帮你吗？"诗人对天使说："我什么都有，我的生活中只少了一样东西，你能够给我吗？"天使回答说："可以。你要什么我都可以满足你。"诗人的眼睛直盯着天使："我想要的是幸福。"这下子可把天使难倒了，天使想了

想，说："我明白了。"

于是天使带走了诗人的才华，毁了他的容貌，散尽他的财产，带走他妻子的性命。天使一声不响地做完这些事后，便离去了。

一个月后，天使再回到诗人的身边。诗人饿得奄奄一息，衣衫褴褛地躺在路边挣扎。看着诗人穷困潦倒的样子，天使又把他的一切还给了他就离去了。

半个月后，天使再去看诗人。诗人恢复了往日的风貌，他深深地感谢天使让他体会到什么是幸福。因为，他尝到了幸福甜美的味道。

活 着

有一个年轻人很害怕死亡。他心里想着："死亡是在前面呢？还是在后面呢？"

他想到："人总是在往前跑的时候死亡，例如飞机失事、车祸丧生。所有的动物也都是在往前逃命的时候被捕杀的。从来没有动物是在后退时丧生，所以，死亡是从后面追赶的。"

于是，他得到一个重要的结论：要避免被死亡追上的唯一方法，就是走得更快速、更匆忙。因此，他每天总是行色匆忙，不论是吃饭、工作或走路，都比从前的自己快了好几倍。

有一天，他在匆匆忙忙赶路的时候，突然被一个须发全白的老人叫住了。老人问他："你如此匆忙，是在追赶什么呢？"他回答："我不是在追赶，我是在逃开呀！""逃开什么呢？"老人好奇地问。"逃开死亡！"年轻人简练地回答老人的问题。老人看上去对这个问题很有兴趣，说："哦，这挺有意思，可是你怎么知道死亡是从后面来的呢？"年轻人说："因为所有的动物都是在往前逃命时被死亡追上的。"

老人用一种肯定的语气说："你错了！年轻人，死亡不是在追赶，而是在等待。不论你跑快或跑慢，都会抵达终点。"

感悟
ganwu

幸福并不取决于财富、权力和容貌，而是取决于你和周围人的相处。在平凡的日子里，珍惜周遭的人、事、物，快快乐乐做自己！

"你怎么知道?"年轻人惊恐地问。老人哈哈一笑,说:"因为我就是死神呀!"年轻人大惊失色:"你今天出现,莫非我的死期到了?"

死神说:"哦!年轻人,你不用害怕,你的死期还没到呢,只是你一直跑得太快,我的兄弟'活着'一直向我抱怨赶不上你,如果你不和他会合,和死亡又有什么两样呢?他特别请我通知你慢一些呀!""可是,我要如何才能和'活着'会合呢?"

死神说:"首先,你得放松,静下心来,然后你要环顾四周,用心体会美好的生活,'活着'就会赶上你了。"当他把心静下来再回头的时候,看见了从来没有看见的、美丽的街景。

三根树枝

一个年轻男人承受了极大的痛苦想要自杀。入夜后,他极度悲伤地带了根绳子走到屋后树林里爬上树想上吊。

当他把一根绳子绑在树枝上后树枝说话了:

"亲爱的年轻人哪!别在我身上吊死吧,有一对小鸟正在我的枝头上筑巢呢!我很高兴能保护它们。如果你在我身上上吊,我就会折断,鸟巢也就保不住了。请你谅解我,并且也可怜那对小鸟吧。"

年轻人听了,体谅了它的爱心,就放弃了这棵树枝,爬到更高的另一根树枝上。可是当他把绳子绑上去时,这树枝也说话了:

"年轻人,请你谅解我吧!春天就要到了,不久之后我就要开花,成群的蜜蜂会飞来嬉戏、采蜜,这带给我极大的快乐。如果你在我身上上吊,我就会被你折弯到地上,花朵就被摧残而死,那么蜜蜂们会非常的失望。"

年轻人听了,只好默默地攀上了第三根树枝。

"原谅我吧!"他还没绑绳子呢!树枝就开口了。

"年轻的朋友啊!我把自己远远地伸到路上,目的就是要

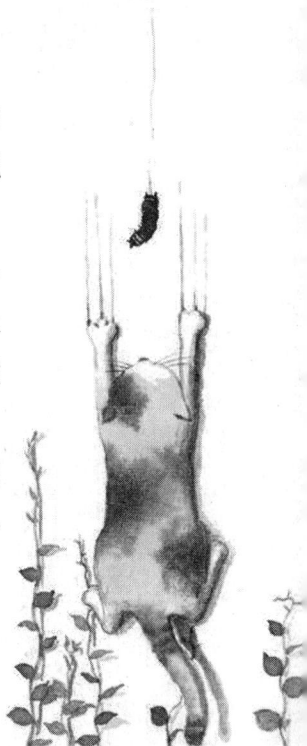

感悟
ganwu

如果我们总把目光放在自己身上,只在意自己受了什么伤害、委屈,承受了多少重担、压力,结果,只有让人愈来愈缺乏活力,愈来愈萎缩。如果将目光放得更远、更大,生活自然日益丰富,生命自然日益蓬勃,我们也就拥有了真正的幸福。

183

使疲惫的旅行者在我的底下得到一些荫凉，这带给我很大的快乐。如果你吊在我身上，会使我折断，以后我就再也不可能享受这种快乐了。"

这时，年轻的厌世者沉思了一会儿。

他问自己："我为什么要自杀？只因为我承受痛苦吗？难道我不能学学这些树枝，用我的生命去帮助别人，为别人服务吗？"一念之间，他把焦点由自己身上转向了无数他所熟识的需要帮助的人身上。

他从这三根对他说话的树枝上各折下了一小段细枝，爬下了树，快快乐乐地离开了。

他一直保存着这三根小树枝，也终身秉承着这三根树枝的精神，再也没有过自杀的念头。

四条毛毛虫的故事

话说第一条毛毛虫，有一天爬呀爬，爬过山河，终于来到这棵苹果树下。它并不知道这是一棵苹果树，也不知树上结满了红红的苹果。当它看到同伴们往上爬时，不知所以地就跟着往上爬。没有目的，不知终点，更不知生为何求、死为何所。

有一天，第二条毛毛虫也爬到了苹果树下。它知道这是一棵苹果树，也确定它的"虫生目标"就是找到一只大苹果。问题是……它并不知道大苹果会长在什么地方？但它猜想：大苹果应该长在大枝叶上吧！于是它就慢慢地往上爬，遇到分枝的时候，就选择较粗的树枝继续爬。

接着，第三条毛毛虫也来到了树下。这条毛毛虫相当难得，小小年纪，却自己研制了一副望远镜。在还未开始爬时，就先利用望远镜搜寻一番，找到了一只超大苹果。同时，它发现当从下往上找路时，会遇到很多分枝，有各种不同的爬法；但若从上往下找路时，却只有一种爬法。它很细心地从苹果的位置，由上往下反推至目前所处的位置，记下这条确定的路径。于是，它开始往上爬，当遇到分枝时，它一点也不慌张，因为它知道该往哪条路走，不必跟着一大堆虫去挤破头。

第四条毛毛虫可不是一只普通的虫，同时具有先知先觉的能力。它不仅知道自己要哪种苹果，更知道未来的苹果将如何成长。因此当它带着那"先觉"的望远镜时，它的目标并不是一只大苹果，而是一朵含苞待放的苹果花。它计算着自己的时程，并估计当它抵达时，这朵花正好长成一只成熟的大苹果，而且它将是第一条钻入苹果的虫。

果不其然，它获得了所应得的，从此过着幸福快乐的日子。

失误的上帝

有一天，上帝创造了三个人。他问第一个人："到了人世间你准备怎样度过自己的一生？"第一个人想了想，回答说："我要充分利用生命去创造。"

上帝又问第二个人："到了人世间，你准备怎样度过你的一生？"第二个人想了想，回答说："我要充分利用生命去享受。"

上帝又问第三个人："到了人世间，你准备怎样度过你的一生？"第三个人想了想，回答说："我既要创造人生又要享受人生。"

上帝给第一个人打了 50 分，给第二个人打了 50 分，给第三个人打了 100 分，他认为第三个人才是最完美的人，他甚至决定多生产一些"第三个人"这样的人。

第一个人来到人世间，表现出了不平常的奉献感和拯救感。他为许许多多的人作出了许许多多的贡献。对自己帮助过的人，他从无所求。他为真理而奋斗，屡遭误解也毫无怨言。慢慢地，他成了德高望重的人，他的善行被人广为传颂，他的名字被人们默默敬仰。他离开人间，所有人都依依不舍，人们从四面八方赶

感悟
ganwu

只图享受，不知创造，这样的人生绝不是幸福的人生。

185

来为他送行。直至若干年后，他还一直被人们深深怀念着。

第二个人来到人世间，表现出了不平常的占有欲和破坏欲。为了达到目的他不择手段、无恶不作。慢慢地，他拥有了无数的财富，生活奢华、一掷千金、妻妾成群。后来，他因作恶太多而得到了应有的惩罚。正义之剑把他驱逐出人间的时候，他得到的是鄙视和唾骂。若干年后，他还一直被人们深深痛恨着。

第三个人来到人世间，没有任何不平常的表现。他建立了自己的家庭，过着忙碌而充实的生活。若干年后，没有人记得他的生存。

人类为第一个人打了100分，为第二个人打了0分，为第三个人打了50分。这个分数，才是他们的最终得分。

道一声早安

上世纪30年代，一位犹太传教士每天早晨总是按时到一条乡间土路上散步。无论见到任何人总是热情地打一声招呼："早安。"

感悟
ganwu

人是很容易被感动的，而感动一个人靠的未必都是慷慨的施舍、巨大的投入。往往一个热情的问候、温馨的微笑，也足以在人的心灵中洒下一片阳光。

其中，有一个叫米勒的年轻农民，对传教士这声问候，起初反应冷漠，在当时，当地的居民对传教士和犹太人的态度是很不友好的。然而，年轻人的冷漠未曾改变传教士的热情，每天早上，他仍然给这个一脸冷漠的年轻人道一声早安。终于有一天，这个年轻人脱下帽子也向传教士道一声："早安。"

好几年过去了，纳粹上台执政。

这一天，传教士与村中所有的人被纳粹集中起来，送往集中营。在下火车列队前行的时候，有一个手拿指挥棒的指挥官在前面挥动着棒子，叫道："左，右。"被指向左边的是死路一条，被指向右边的则还有生还的机会。

传教士的名字被这位指挥官点到了，他浑身颤抖，走上前去。当他无望地抬起头来，眼睛一下子和指挥官的眼睛相遇了。

传教士习惯地脱口而出："早安，米勒先生。"

米勒先生虽然没有过多的表情变化，但仍禁不住还了一句问候："早安。"声音低得只有他们两人才能听到。

最后的结果是：传教士被指向了右边——意思是生还者。

被人相信是一种幸福

一艘货轮在烟波浩渺的大西洋上行驶。一个在船尾搞勤杂的黑人小孩不慎掉进了波涛滚滚的大西洋。孩子大喊救命，无奈风大浪急，船上的人谁也没有听见，他眼睁睁地看着货轮拖着浪花越来越远……

求生的本能使孩子在冷冰的水里拼命地游，他用全身的力气挥动着瘦小的双臂，努力使头伸出水面，睁大眼睛盯着轮船远去的方向。船越来越远，船身越来越小，到后来，什么都看不见了，只剩下一望无际的汪洋。孩子的力气也快用完了，实在游不动了，他觉得自己要沉下去了。

放弃吧，他对自己说。

这时候，他想起了老船长那张慈祥的脸和友善的眼神。不，船长知道我掉进海里后，一定会来救我的！想到这里，孩子鼓足勇气用生命的最后力量又朝前游去……

船长终于发现那黑人孩子失踪了，当他断定孩子是掉进海里后，下令返航回去找。

这时，有人规劝："这么长时间了，就是没有被淹死，也让鲨鱼吃了……"

船长犹豫了一下，还是决定回去找。

又有人说："为一个黑人孩子，值得吗?"

船长大喝一声："住嘴!"

终于，在那孩子就要沉下去的最后一刻，船长赶到了，救起了孩子。

感悟
gǎnwù

被他人相信也是一种幸福。他人在绝望时想起你，相信你一定会伸出援手，还有比这种信任更令人骄傲的肯定吗?

当孩子苏醒过来之后，跪在地上感谢船长的救命之恩时，船长扶起孩子问："孩子，你怎么能坚持这么长时间？"

孩子回答："我知道您会来救我的，一定会的！"

"怎么知道我一定会来救你的？"

"因为我知道您是那样的人！"

听到这里，白发苍苍的船长"扑通"一声跪在黑人孩子面前，泪流满面："孩子，不是我救了你，而是你救了我啊！我为我在那一刻的犹豫而耻辱……"

幸福在哪里

拉里·爱德华出身贫寒，缺吃少穿的日子让他从小便感受到了贫穷给自己和家人带来的耻辱。邻居的嘲笑、同学们的取笑，常常让拉里·爱德华伤心不已。他对别人对待自己的态度很敏感，甚至路人一个不同寻常的眼神，也会让他难过半天。

他觉得自己是世界上最不幸的人，所有鄙视他的人都比他过得幸福。于是，拉里·爱德华决心出人头地，他要跟那些鄙视他的人过上一样幸福的生活。他几乎不跟同学们来往，哪怕是一丁点儿时间也要用在学习和工作上，课余时间，他不是在图书馆学习，就是在快餐店打工。他靠自己打工挣的钱读完中学并考上了大学此时，他认为自己的第一个目标已经实现。但幸福的感觉很快离他而去，因为昂贵的大学学费还等着他用课余时间去挣呢！

好不容易大学毕业了，拉里·爱德华觉得，要想过上幸福生活，自己还得继续努力。于是，他在一家大公司找了一份工作，因为他从小就羡慕那些出入写字楼的白领。可是，当他坐进明亮的办公室，每月拿着固定的薪水时，他才知道，原来白领也不幸福，因为不但要受老板的气，还要受同事的排挤。拉里·爱德华每次看到老板夹着公文包，大摇大摆地出入高级餐厅时，他就觉得只有当了老板才能过上自己想要的幸福生活。

拉里·爱德华拿自己几年的积蓄去注册了一家小公司，又经过几年的努力，他的小公司变成了大公司。他拥有了曾经梦寐以求的豪华别墅、高档轿车和巨额银行存款。这时，就是下半辈子不工作，他也吃穿不愁了。可是，幸福却没有随之降临。令拉里·爱德华烦恼的是，他的员工总是不听话，不但偷懒，工作效率低，还老要求加工资；他的竞争对手心狠手辣，整天想着要挤垮他的公司，让他没有立足之地；还有，从邻居和路人的眼神里，他也看到了人家对他的嫉妒。因而，拉里·爱德华觉得世界上所有的人都比他幸福。

由于心情不好，拉里·爱德华开车时老走神，这最终导致他出了车祸：他的高级轿车钻进了大货车底下。轿车报废了，所幸拉里·爱德华只是受了点皮肉伤，没有生命危险。事后，一想到那惊心动魄的一幕，拉里·爱德华就吓得浑身发抖。他突然明白，活着是多么美好啊，一个人只要拥有了生命，就是最大的幸福。

第 1 章

面临选择——考验你的智慧

我们的人生常常要面临选择。

有些选择意义轻微，选择的结果不会影响大局。有些选择却是意义十分重大的，把握不好就有可能影响一个人一生的命运。

面对选择，特别是重大选择，有的人沉着冷静，有的人惊慌失措；有的人理智分析，有的人感情用事；有的人判断迅速，有的人迟疑不决。

选择正确，接下来的一切都可能一帆风顺；选择错误，有可能铸成千古的悔恨。

当选择来临时，不要惊慌，用智慧的大脑去分析，去判断，在该作决定的时候当机立断。

是智者，就会在恰当的时候作出恰当的选择。

蚂蚁和水牛

有一天，蚂蚁大王叫蚂蚁们出去找食物。一只蚂蚁在半路上见到一只死苍蝇，便跑回洞穴向蚂蚁大王报告道："大王，我在半路上见到一只死苍蝇，让我们去扛回来大家一起享用吧！"蚂蚁大王摇头晃脑地说："一只小小的死苍蝇算得了什么，哪里够我们吃一餐，不去。"

又过了一会，又有一只蚂蚁回来报告说："大王，我在半路上见到一只死蟑螂，我们去扛回来一起享用吧！"蚂蚁大王对此还是不满意，摇摇头说："一只蟑螂怎么够我们吃一餐的，真是胡闹，下去多派些蚂蚁再去找更大的。快去！"

又过了一会儿，又有一只蚂蚁飞奔回来，气喘吁吁地报告说："大王，好消息，我在路上见到一头死水牛，可以够我们吃一辈子了。"蚂蚁大王听了，喜出望外，便下令叫蚂蚁们倾巢而出排着整齐的队伍，兴高采烈地去搬水牛了。

不一会儿，一窝蚂蚁全到了，在蚂蚁大王的带领下，一齐爬到水牛身上，你咬我啃，好不热闹，好不得意。

哪里知道，那头水牛原来是睡着的，被蚂蚁一咬，便醒了过来。水牛醒后，感到全身又痛又痒，便把身子一翻，一骨碌滚了过去。一大片蚂蚁被压在了水牛身下，一下子就死了好多蚂蚁。那些爬在肚皮下的蚂蚁虽然没被压死，可是水牛一翻身，便滚到河里去了，水牛身上的蚂蚁全被河水冲走了，葬身于鱼腹之中。

蚂蚁大王侥幸被河水冲到岸边，战战兢兢地爬上岸后，呆呆地望着河面上的孩子们被鱼一只一只地吞掉，好不凄凉，此时它欲哭无泪。它哭丧着脸陷入深深的自责当中，看着倾巢覆灭，孩子丧生，后悔不已。

两群羊的选择

上帝把两群羊放在一片大草原上，一群在南，一群在北。上帝还给羊群找了两种天敌，一种是狮子，一种是狼。

上帝对羊群说："如果你们要狼，就给一匹，任它随意咬你们。如果你们要狮子，就给两头，你们可以在两头狮子中任选一头，还可以随时更换。"南边草原的那群羊想："狮子可比狼强壮凶猛多了，还是要一匹狼吧。"于是，它们就要了匹狼。北边草原的那群羊想："狮子虽然比狼凶猛得多，但我们有选择权，还是要狮子吧。"于是，它们就要了两头狮子。

那匹狼进了南边草原的羊群后，就开始吃羊。狼身体小，食量也小，一只羊够它吃好几天的。这样羊群几天才被追杀一次。北边那群羊挑选了一头狮子，另一头则留在上帝那里。这头狮子进入羊群后，也开始吃羊。狮子不但比狼凶猛，而且食量惊人，每天都要吃一只羊。这样羊群就天天都要被追杀，惊恐万状。羊群赶紧请上帝换一头狮子。不料，上帝保管的那头狮子一直没有吃东西，正饥饿难耐，它扑进羊群，比前面那头狮子咬得更疯狂。羊群一天到晚只是逃命，连草都快吃不成了。

南边草原的羊群庆幸自己选对了天敌，又嘲笑北边草原的羊群没有眼光。北边草原的羊群非常后悔，向上帝大倒苦水，要求更换天敌，改要一只狼。上帝说："天敌一旦确定，就不能更改了，必须世代相随，你们唯 的权利是在两头狮子中选择。"

北边的羊群只好把两头狮子不断更换。可两头狮子同样凶残，换哪一头都比南边的羊群悲惨得多，它们索性不换了，让一头狮子吃得膘肥体壮，另一头狮子饿得精瘦。眼看那头瘦点儿的狮子都快要饿死了，羊群才请上帝换一头。

感悟
gǎnwù

有远见的、智慧的选择会让你少走很多弯路，节省很多时间，甚至会让生活变得无比的轻松。面临选择，你准备好了吗？

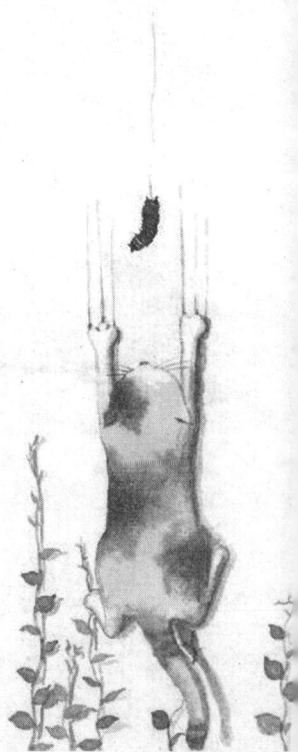

193

这头瘦点儿的狮子经过长久的饥饿后，慢慢悟出了一个道理：自己虽然凶猛异常，一百只羊都不是对手，可是自己的命运是操纵在羊群手里的。羊群随时可以把自己送回上帝那里，让自己饱受饥饿的煎熬，甚至有可能饿死。想通这个道理后，瘦狮子就对羊群特别客气，只吃死羊和病羊，凡是健康的羊它都不吃了。羊群喜出望外，有几只小羊提议干脆固定要瘦狮子，不要那头肥狮子。一只老羊就提醒说："瘦狮子是怕我们送它回上帝那里挨饿，才对我们这么好。万一肥狮子饿死了，我们没有了选择的余地，瘦狮子很快就会恢复凶残的本性的。"众羊觉得老羊说得有理，为了不让另一头狮子饿死，它们赶紧把它换回来。

原先膘肥体壮的那头狮子，已经饿得只剩下皮包骨头了，并且也懂得了自己的命运是操纵在羊群手里的。为了能在草原上待得久一些，它竟百般讨好起羊群来。

北边草原的羊群在经历了血雨腥风之后，终于过上了自由自在的生活。南边草原的那群羊处境却越来越悲惨了，那匹狼没有替换者，它就胡作非为，每天都咬死几十只羊，想咬死哪只就立刻咬死哪只。南边草原的羊群只能在心中哀叹："早知道这样，还不如要两头狮子。"

改变命运的选择

有一个美国人叫乔治，在他的记忆中，父亲一直就是瘸着一条腿走路的，他的一切都平淡无奇。所以，他总是想，母亲怎么会和这样的一个人结婚呢？

一次，市里举行中学生篮球赛，乔治是队里的主力。他找到母亲，说出了他的心愿——他希望母亲能陪他同往。

母亲笑了，说："那当然。你就是不说，我和你父亲也会去的。"

乔治听罢摇了摇头，说："我不是说父亲，我只希望你去。"

母亲很是惊奇，问："这是为什么？"

乔治勉强地笑了笑，说："我总认为，一个残疾人站在场边，会使得整个气氛变味儿。"

母亲叹了一口气，说："你是嫌弃你的父亲了？"

父亲这时正好走过来，说："这些天我得出差，有什么事，你们商量着去做就行了。"

比赛很快就结束了，乔治所在的队获得了冠军。

在回家的路上，母亲很高兴，说："要是你父亲知道了这个消息，他一定会放声高歌的。"

乔治沉下了脸，说："妈妈，我们现在不要提他好不好？"

母亲接受不了他的这种口气，提高了声调，说："你必须要告诉我，这是为什么。"

乔治满不在乎地笑了笑，说："不为什么，就是不想在这时提到他。"

母亲的脸色凝重起来，说："孩子，这话我本来不想说，可是，我再隐瞒下去，很可能就会伤害到你的父亲。你知道你父亲的腿是怎么瘸的吗？"

乔治摇了摇头，说："我不知道。"

母亲说："那一年你才两岁。父亲带你去花园里玩，在回家的路上，你左奔右跑。忽然，一辆汽车疾驰而来，你父亲为了救你，左腿被碾在了车轮下。"

乔治顿时惊呆了，说："这怎么可能呢？"

母亲说："这怎么不可能呢？不过这些年你父亲不让我告诉你罢了。"

母子二人慢慢地走着。母亲说："有件事可能你还不知道，你父亲就是布莱特，你最喜欢的作家。"乔治更加惊讶地蹦了起来，说："你说什么？我不信！"

感悟
ganwu

选择让人生有了明确的主题；选择会让你越过困扰你的难题；选择让你体会生活的美妙；选择带你进入人生辉煌的音乐厅。抬起头来，用心作出你的选择。

195

母亲说:"这其实你父亲也不让我告诉你。你不信可以去问你的老师。"

乔治急忙向学校跑去。

老师面对他的疑问,笑了笑,说:"这都是真的。你父亲不让我们透露这些,是怕影响你的成长。但现在你既然知道了,那我就不妨告诉你,你父亲是一个伟大的人。"

两天以后,父亲回来了,乔治问父亲:"你就是大名鼎鼎的布莱特?"

父亲愣了一下,然后就笑了,说:"我就是写小说的布莱特。"

乔治拿出一本书来,说:"那你先给我签个名吧!"父亲看了他片刻,然后拿起笔来,在扉页上写道:赠乔治,选择其实比什么都重要。

多年以后,乔治成为一名出色的记者。这时,如果有人让他介绍自己的成功之路,他就会重复父亲的那句话:选择其实比什么都重要。

徐本禹的选择

1999年,徐本禹成为华中农业大学的一名学生。那年秋冬之交,天气很冷,他还只穿着一件单薄的军训服。一位同学的母亲送了他两件衣服,第一次远离家乡,第一次远离亲人,第一次在外地得到好心人的帮助……让徐本禹永远不能忘怀。

2003年,徐本禹以高分考取了本校的硕士研究生。然而,2003年4月16日,徐本禹却作出了让所有人大吃一惊的决定:放弃攻读研究生的机会,去岩洞小学支教……电话那头,听到这个消息的父亲哭了,父亲用发颤的声音说:"全家尊重你的选择,孩子,你去吧,我们没有意见……"

徐本禹第一次知道贵州的狗吊岩是在2001年,当时他读

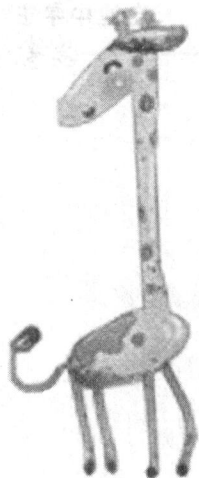

大三，很偶然读到了一篇题为《当阳光洒进山洞里……》的文章："阳光洒进山洞，清脆的读书声响起，穿越杂乱的岩石，回荡在贵州大方县猫场镇这个名叫狗吊岩的地方。这里至今水电不通，全村只有一条泥泞的小道通往 18 公里外的镇子，1997 年，这里有了自己的小学——建在山上的岩洞里，五个年级 146 名学生，三个老师……"读着读着，徐本禹哭了。

读完这篇文章，他决定要用自己的方式帮助山洞里的孩子。徐本禹开始在学校为岩洞小学募捐，号召大家和他一起利用暑假时间到贵州支教，"给孩子们带去一些希望"。

在学校和同学们的支持下，2002 年暑假，徐本禹带着募捐来的三大箱子衣服、一口袋书和 500 元钱，第一次和几个同学坐上了开往贵州的火车。

徐本禹第二次来到狗吊岩村，与他同来的还有 7 名志愿者。后来由于水土不服等种种原因，志愿者一个又一个离开了。8 月 1 日这天，最后一个志愿者也坐上了返回武汉的长途车，车窗内外，去送行的徐本禹同他无语对视。"如果感觉真的坚持不下去，就回学校吧，要不，你在这里自己开伙做饭也行，你这样也坚持不下去的。"同学的一番话让他对自己有些担心。

徐本禹住在一间 10 多平方米的房子里，房间里很少见到阳光，这个小空间成了他学习的乐园——一张比较大的桌子上摆满了书籍，地上摆放着生活用品和好心人捐的物品，原本狭小的房间变得更加狭小。原来不吃辣椒的徐本禹到了这里之后，每天都要吃辣椒，而且这里的卫生条件很差，苍蝇到处乱飞，在吃饭的时候经常发现苍蝇在里面。"当地情况就是这样，刚开始很恶心。我对自己说，就当没看见罢了。饿的时候，一顿可以吃三碗玉米饭。只有吃饱了，身体才有保障，才能在这里支教下去。"

徐本禹在这里一周要上 6 天课，每天上课时间达 8 个小

时。他自己负责五年级1个班，除了教语文、数学外，还要教英语、体育、音乐等。由于信息闭塞，学生不了解外面的任何东西。学生写一篇200多字的文章有20多个错别字是很正常的现象。"刚开始上课的时候，我问全班40名学生中有多少人听说过雷锋的名字，结果只有4个人知道；全班没有一个人听说过焦裕禄；只有一个学生听说过孔繁森，我心中有一种钻心的痛，我不知道这些孩子应该从什么地方教起。"

2004年4月，徐本禹回到母校华中农业大学作了一场报告。谁也没料到，他在台上讲的第一句话是："我很孤独，很寂寞，内心十分痛苦，有几次在深夜醒来，泪水打湿了枕头，我坚持不住了……"本以为会听到激昂的豪言壮语的学生们惊呆了，沉默了。许多人的眼泪夺眶而出。

报告会后，他又返回了狗吊岩村，依然每天沿着那崎岖的山路，去给孩子们上课。

到需要帮助的地方去！

钱学森的选择

感 悟
gonwu

钱学森历经千辛万苦，突破重重阻碍，回到祖国。这样一个伟大的选择，至今感动着每一个中国人，他也成为国人爱国的榜样。

1949年当第一面五星红旗在天安门广场上徐徐升起时，当时任加利福尼亚工学院超音速实验室主任和"古根罕喷气推进研究中心"负责人的钱学森为祖国的新生而感到高兴。

于是，他打算回国，为自己的祖国——新中国服务。但那时候在美国的中国科学家回国是很不容易的，而钱学森的专长又直接与国防有关，所以他历尽艰辛才终于回到祖国的怀抱。

1950年9月中旬，钱学森毅然辞去了加利福尼亚工学院超音速实验室主任和"古根罕喷气推进研究中心"负责人的职务，到移民处办理了回国手续。他还买好了从加拿大飞往香港的飞机票，把行李也交给了搬运公司装运。

然而，就在他打算离开洛杉矶的前两天，忽然收到美国移民及归化局的通知——不准回国！移民局威胁他说，如果他私自离境，抓住了不仅要罚款，甚至要坐牢！

又过了几天，钱学森被粗暴地抓进了美国移民及归化局的看守所，"罪名"是"参加过主张以武力推翻美国政府的政党"。

钱学森交给搬运公司的行李也遭到美国海关及联邦调查局的检查，据说从中"查出"了电报密码、武器图纸之类的东西。美国移民及归化局要"审讯"钱学森，说钱学森是"美国共产党员"。后来又说钱学森在美国念书时认识的几个美国同学之中，有几个是美国共产党员。美国移民及归化局还扬言钱学森"违反美国移民法"，要把钱学森"驱逐出境"。这话说出口没多久，又连忙改口。因为要把钱学森"驱逐出境"，这正是钱学森求之不得的！在看守所，钱学森像罪犯似的，被看管监禁着。钱学森曾回忆道："我被拘禁的 15 天内，体重就下降了 30 磅。在拘留所里，每天晚上，特务要隔一小时就进来把你喊醒一次，使你得不到休息，精神上陷于极度紧张的状态。"

美国移民及归化局迫害钱学森引起了美国科学界的公愤。不少美国友好人士出面营救钱学森，为他找辩护律师。他们募集了 15 000 元美金作为保金，才算把钱学森从看守所里保释出来。

1955 年 6 月，钱学森写信给当时的全国人大常委会的陈叔通同志，请求党和政府帮助他早日回到祖国的怀抱。周总理得知后非常重视此事，并指示有关人员在适当时机办理此事。

经过不懈的努力，1955 年 10 月 18 日，钱学森一家人终于回到阔别 20 年的祖国。不久，他便被任命为中国科学院力学研究所所长。

没有选择的选择

没有选择的选择也许有些无奈，但是，它却为后来的选择开辟了道路。不能隐忍一时，又如何能选择一世呢？

曾任北京外交学院副院长的任小萍女士说，在她的职业生涯中，每一步都是组织上安排的，自己没有什么自主权。但在每一个岗位上，她也有自己的选择，那就是要比别人做得更好。

1968年，任小萍成为北外的一名工农兵学员。当时她年纪最大，水平最差，第一堂课就因为回答不出问题而站了一节课。第二天，教室里挂出一条横幅"不让一个阶级兄弟掉队"，她就是这个"阶级兄弟"。但等到毕业的时候，她已经成为全年级最好的学生。

大学毕业后她被分到英国大使馆做接线员。做一个小小的接线员，是很多人觉着没出息的工作。任小萍却把这个普通的工作做出了新意。她把使馆所有人的名字、电话、工作范围甚至连他们的家属的名字都背得滚瓜烂熟。有些电话进来，有事不知道该找谁，她就会多问问，尽量帮他找到合适的人。慢慢地，使馆人员有事外出，并不是告诉他们的翻译，而是给她打电话，告诉她会有谁来电话，请转告什么，有很多公事私事也委托她通知，任小萍成为全面负责的留言点、大秘书。

有一天，大使竟然跑到电话间，笑眯眯地表扬她，这是破天荒的事。没多久，她就因工作出色而被破格调去给英国某大报记者做翻译。

该报的首席记者是个名气颇大的老太太，得过战地勋章，被授过勋爵，本事大，脾气也大。前任翻译就是受不了她的脾气给气跑的。刚开始她也不要任小萍，看不上她的资历。后来勉强同意一试。一年后，老太太经常对别人说："我的翻译比你的好上10倍。"不久工作出色的任小萍就被破例调到美国驻华联络处，她干得同样出色，获外交部表彰。

任小萍说，一个人无法选择工作时，至少他有一样可以选择：就是好好干还是得过且过。在同一种工作岗位上，有的人勤恳敬业，付出得多，收获也多，有的人整天想调好工作，而不做好眼前的事。其实这样的选择也决定了将来的被选择。

乐羊子求学

古时候有个叫做乐羊子的人，他娶了一位知书达理、勤劳贤惠的好妻子，她总是帮助和辅佐丈夫力求上进，做个有抱负的人。

妻子常常跟乐羊子说："你是一个七尺男子汉，要多学些有用的知识，将来好做大事，天天待在家里或者只在乡里四邻转悠一下，开阔不了眼界，长不了见识，不会有什么出息的。不如带些盘缠，到远方去找名师学习本领来充实自己，也不枉活一世啊！"

日子一长，乐羊子被说动了，就按照妻子的话收拾好行李出远门去了。自从那天和乐羊子依依惜别后，妻子一天比一天思念自己的丈夫，记挂他在异乡求学的情况，但她把这份惦念埋在心底，只是每天不停地织布干活来排遣这份心情，好让乐羊子安心学习，不牵挂自己和家里。

一天，妻子正织着布，忽然听见有人敲门。她过去开了门一看，简直不敢相信自己的眼睛，站在面前的竟然是自己日夜想念的丈夫。她高兴极了，忙将丈夫迎进屋坐下。可是惊喜了没多久，妻子似乎想起了什么，疑惑地问："才刚刚过了一年，你怎么就回来了，是出了什么事吗？"

乐羊子望着妻子笑答："没什么事，只是离别的日子太久了，我对你朝思暮想，实在忍受不了，就回来了。"

妻子听了这话，半晌无语，表情很是难过。她抓起剪刀，

感悟
ganwu

乐羊子妻以她的远见和勇气帮助丈夫坚定了求学的意志，而乐羊子也终于以惊人的毅力克服了困难，坚持学习。坚持还是放弃，选择只在一念之间。

201

快步走到织布机前"咔嚓咔嚓"地把织了一大半的布都剪断了。乐羊子吃了一惊，问道："你这是干什么？"

妻子回答说："这匹布是我日日夜夜不停地织呀织呀，它才一丝一缕地积累起来，一分一毫地变长起来，终于织成了一整匹布。现在我把它剪断了，白白浪费了宝贵的光阴，它也永远不能恢复为整匹布了。学习要一点点地积累知识才能成功。你现在半途而废，不愿坚持到底，不是和我剪断布一样可惜吗？"

乐羊子听了这话恍然大悟，意识到自己错了，不由得羞愧不已。他再次离开家去求学，整整过了7年才终于学成而归。

· 选 择 ·

里德是个不同寻常的人。他的心情总是很好，而且对事物总是有正面的看法。当有人问他近况如何时，他会回答："我快乐无比。"

他是个经理，却是个独特的经理。因为他换过几个公司，而有好几个职员都跟着他跳槽。他天生就是个鼓舞者。如果哪个朋友心情不好，里德就会告诉他怎样去看事物的正面，这样的生活态度实在让我好奇。

终于有一天我对里德说："这很难办到！一个人不可能总是看事情的光明面。""你是怎么做到的？"我问他。

里德答道："每天早上我一醒来就对自己说，里德，你今天有两种选择，你可以选择心情愉快，也可以选择心情不好。我选择心情愉快。每次有坏事发生时，我可以选择成为一个受害者，也可以选择从中学些东西，我选择从中学习。每次有人跑到我面前诉苦或抱怨，我可以选择接受他们的抱怨，也可以选择指出事情的正面。我选择后者。"

"可是有那么容易吗？"我立刻问道。

"就是有那么容易。"里德答道，"人生就是选择。当你把无聊的东西都剔除后，每一种处境就是面临一个选择。你选择如何去面对各种处境，你选择别人的态度如何影响你的情绪，你选择心情舒畅还是糟糕透顶。归根结底，你自己选择如何面对人生。"

我受到里德一番肺腑之言的影响，没有多久就去开创自己的事业了，我们失去了联系，但我却经常想到他。

几年后，我听说里德出事了，有一天早上，他忘了关后门，被3个持枪的强盗拦住了，强盗因为紧张而受了惊吓，对他开了枪。幸运的是，里德被发现受伤了，被送进了急诊室。经过18个小时的抢救和几个星期的精心照料，里德出院了，只是仍有小部分弹片留在他的体内。

事情发生后三个月，我见到了里德。我问他近况如何，他答道："我快乐无比。想不想看看我的伤疤？"

我看了他的伤疤，又问他当强盗来时，他想了些什么。

"我脑海中浮现的第一件事是，我应该关后门。"里德答道，"当我躺在地上的时候，我对自己说有两个选择：一个是死，一个是活。我选择了活。"

"你不害怕吗？你有没有失去知觉？"我问道。

里德继续说："医护人员都很出色。他们不断告诉我，我会好的。但当他们把我推进急诊室后，我看到他们脸上的表情，从他们的眼中我看到了'他是个死人'。我知道我需要采取一些行动了。"

"你采取了什么行动？"我赶紧好奇地问。

"有个身强力壮的护士大声问我问题，他问我：'有没有对什么东西过敏？'我马上答道：'有的。'这时，所有的医生护士都停下来等着我说下去。我深深地吸了一口气，然后大声吼道：'子弹！'在一片大笑声中，我又说道：'我选择活下来，

请把我当活人来医，而不是死人。'"

里德活了下来，一方面要感谢医术高明的医生，另一方面得感谢他那惊人的生活态度。

你跑向哪里

当你有所需要，你会选择往哪里跑？当你力气用尽，你会选择转向何方？当软弱使你无力前行，你会选择面向何处？

父亲出外打猎，扛着长枪，沿着树林内一条几乎已被树木遮盖的伐木道路前进。他边走边敏锐地观察着周围。那时已经是黄昏了，太阳已经下山了，他正打算返回营地，附近的树丛中传出一阵"刷刷"的声音。他迅速地端起长枪，一团棕白色的斑点向他直奔过来。

那一切发生得太快了，父亲根本没时间去想那团棕白的斑点已经在他的脚下了。他往下一看，只见一只小野兔，缩在他的一双皮靴之间。看他的样子，已经是精疲力竭了。那小东西累得全身发抖，但它就这样蹲在那里，一动也不动。

真是奇怪，野兔本来都很怕人，而且很不容易被人看见——更别说跑过来坐在人的脚下了。

父亲正为此事纳闷，还以为又会发生现代版的守株待兔。

此时另一个角色出现了。在一二十码开外的树丛里，一只黄鼠狼冲了出来。当它看见持枪的父亲和坐在他脚下的猎物时，便突然停下追逐的脚步，眼睛发红，嘴里发出急促的喘息。

此时，父亲才明白他介入了森林里一场小型生死剧。小野兔已经被追逐得精疲力竭，正面对着死神黄鼠狼，父亲成了它生存下去的最后希望。小家伙忘记了本能的恐惧和提防，自然而然地靠拢在父亲的腿边，逃避无情敌人的利齿。

父亲没有令小野兔失望，他举起枪故意朝着黄鼠狼前面的泥土射击。黄鼠狼听见枪响，本能地跳跃起来，然后竭尽全力往森林飞奔而去。

好一阵子，小野兔没有动弹，它只是趴在那里，在父亲的脚下缩成一团，于是童心大发的父亲向它温柔地说话："它已经被我吓跑了，我看它不会再来找你麻烦了，今晚你已经逃过了一劫。去吧，小家伙！"

不久兔子便离开了父亲返回了森林。

水桶的故事

一位挑水夫，有两个水桶，分别吊在扁担的两头，其中一个桶子有裂缝，另一个则完好无缺。在每趟长途的挑运之后，完好无缺的桶，总是能将满满一桶水从溪边送到主人家中，但是有裂缝的桶到达主人家时，却只剩下半桶水。

两年来，挑水夫就这样每天挑一桶半的水到主人家。当然，好桶对自己能够送满整桶水感到很自豪。破桶呢？对于自己的缺陷则非常羞愧，它为只能负起责任的一半，感到非常难过。

饱尝了两年失败的苦楚，破桶终于忍不住，在小溪旁对挑水夫说："我很惭愧，必须向你道歉。"

"为什么呢？"挑水夫问道，"你为什么觉得惭愧？"

"过去两年，因为水从我这边一路地漏，我只能送半桶水到你主人家，我的缺陷，使你做了全部的工作，却只收到一半的成果。"破桶说。挑水夫替破桶感到难过，他蛮有爱心地说："我们回到主人家的路上，我要你留意路旁盛开的花朵。"

果真，他们走在山坡上，破桶眼前一亮，看到缤纷的花朵，开满路的一旁，沐浴在温暖的阳光之下，这景象使他开心了很多！

但是，走到小路的尽头，它又难受了，因为一半的水又在路上漏掉了！破桶再次向挑水夫道歉。

挑水夫温和地说：

感悟
gǎnwù

每个人都有优点，也有缺点，选择的关键在于发扬优点，弥补缺点，这样才会在生命之路上开出绚丽的花。

"你有没有注意到小路两旁，只有你的那一边有花，好桶的那一边却没有开花呢？我明白你有缺陷，因此我善加利用，在你那边的路旁撒了花种，每回我从溪边来，你就替我一路浇了花！两年来，这些美丽的花朵装饰了主人的家园。如果你不是这个样子，主人的桌上也没有这么好看的花朵。"

"笨头笨脑"的爱因斯坦

阿尔伯特·爱因斯坦，当年被校长认为"干什么都不会有作为"的笨学生，经过艰苦的努力，成了现代物理学的创始人和奠基人，成了现代最杰出的物理学家。

1879年3月14日，爱因斯坦降生在德国的乌尔姆小城。父母为他起了一个很有希望的名字：阿尔伯特·爱因斯坦。看着他那可爱的模样，父母对他寄托了全部的期望。然而，没过多久，父母就开始失望了：人家的孩子都开始学说话了，已经3岁的爱因斯坦才"咿呀"学语。后来，爱因斯坦的妹妹，比他小两岁的玛伽已经能和邻居交谈了，爱因斯坦说起话来却还是支支吾吾。

看着举止迟钝的爱因斯坦，父母开始担忧。直到10岁时，父母才把他送去上学。

可是，在学校里，爱因斯坦受到了老师和同学的嘲笑，大家都称他为"笨家伙"。学校要求学生上下课都按军事口令进行，由于爱因斯坦的反应迟钝，经常被教师罚站。有的老师甚至指着他的鼻子骂："这鬼东西真笨，什么课程也跟不上！"

一次工艺课上，老师从学生的作品中挑出一张做得很不像样的木凳对大家说："我想，世界上也许不会有比这更糟糕的凳子了！"在哄堂大笑中，爱因斯坦红着脸站起来说："我想，这种凳子是有的！"说着，他从课桌里拿出两个更不像样的凳子，说，"这是我前两次做的，交给您的是第三次做的，虽然

每一个人都有不同的才能，每一个人都会在生活中找到属于自己的位置。正确地认识自己，谨慎地选择自己的位置，你也会放射出与众不同的异彩。

还不行，却比这两个强得多!"

在讥讽和侮辱中，爱因斯坦慢慢地长大了，升入了慕尼黑的卢伊特波尔德中学。在中学里，他喜爱上了数学课，却对其余那些脱离实际和生活的课不感兴趣。孤独的他开始在书籍中寻找寄托，寻找精神力量。就这样，爱因斯坦在书中结识了阿基米得、牛顿、笛卡儿、歌德、莫扎特……书籍和知识为他开拓了一个更广阔的空间。视野开阔了，爱因斯坦头脑里思考的问题也就多了。

一天，他对辅导他数学的舅舅说："如果我用光在真空中的速度和光一道向前跑，能不能看到空间里振动着的电磁波呢?"舅舅用异样的目光盯着他看了许久，目光中既有赞许，又有担忧。因为他知道，爱因斯坦提出的这个问题非同一般，将会引起出人意料的震动。

此后，爱因斯坦一直被这个问题苦苦折磨着。1895 年秋天，爱因斯坦经过深思熟虑，决定报考瑞士苏黎世大学。可是，他却失败了，他的外文不及格。落榜后的他没有气馁，参加了中学补习。一年以后，他获得了中学补习合格证书，并且考入了苏黎世综合工业大学。这时的他，已经在为自己的未来做准备了。他把精力全部用在课外阅读和实验室里。教授们看见他读和学习无关的书、做和考分无关的试验，非常不满和生气，认为他"不务正业"。

爱因斯坦大学毕业时，经济危机爆发，由于他是犹太人血统，没有钱，所以只好失业在家。为了生活，他只好到处张贴广告，靠讲授物理获得每小时 3 法郎的生活费。在授课过程中，他对传统物理学进行了反思，促成了他对传统学术观点的猛烈冲击。

经过五个星期的奋斗，爱因斯坦写出了 9000 字的论文《论动体的电动力学》，狭义相对论由此产生。可以说，这是物理学史上的一次决定性的、伟大的宣言，是物理学向前迈进的

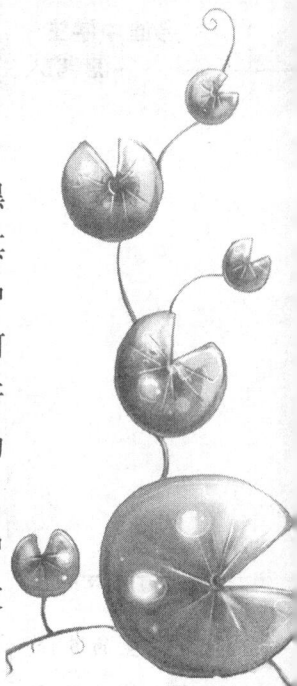

又一里程碑。

人生的选择

几个学生向苏格拉底请教人生的真谛。

苏格拉底把他们带到果林边，这时正是果实成熟的季节，树枝上沉甸甸地挂满了果子。"你们各顺着一行果树，从林子这头走到那头，每人摘一枚自己认为是最大最好的果子。不许走回头路，不许作第二次选择。"苏格拉底吩咐说。

学生们出发了。在穿过果林的整个过程中，他们都十分认真地进行着选择。等他们到达果林的另一端时，老师已在那里等候着他们。

"你们是否都选择到自己满意的果子了?"苏格拉底问。

学生们你看着我，我看着你，都不肯回答。

"怎么啦? 孩子们，你们对自己的选择满意吗?"苏格拉底再次问。

"老师，让我再选择一次吧!"一个学生请求说，"我走进果林时，就发现了一个很大很好的果子，但是，我还想找一个更大更好的，当我走到林子的尽头后，才发现第一次看见的那枚果子就是最大最好的。"

另一个学生紧接着说："我和师兄恰巧相反，我走进果林不久就摘下了一枚我认为是最大最好的果子，可是以后我发现，果林里比我摘下的这枚更大更好的果子多的是。老师，请让我也再选择一次吧!"

"老师，让我们都再选择一次吧!"其他学生一起请求。

苏格拉底坚决地摇了摇头："孩子们，没有第二次选择，人生就是如此。"

感悟 ganwu

人生的选择只有一次，好好把握，才能收获丰硕的果实。

和尚的选择

有两个和尚住在隔壁，所谓隔壁就是隔壁那座山，他们分别住在相邻的两座山上的庙里。这两座山之间有一条溪，于是这两个和尚每天都会在同一时间下山去溪边挑水，久而久之他们变成了好朋友。

就这样，时间在每天挑水中不知不觉已经过了五年。

突然有一天左边这座山的和尚没有下山挑水，右边那座山的和尚心想："他大概睡过头了。"便不以为意。

哪知道第二天左边这座山的和尚还是没有下山挑水，第三天也一样。过了一个星期还是一样，直到过了一个月右边那座山的和尚终于受不了了，他心想："我的朋友可能生病了，我要过去拜访他，看看能帮上什么忙。"

于是他便爬上了左边这座山，去探望他的老朋友。等他到了左边这座山的庙，看到他的老友之后大吃一惊，因为他的老友正在庙前打太极拳，一点也不像一个月没喝水的人。他很好奇地问："你已经一个月没有下山挑水了，难道你可以不用喝水吗？"

左边这座山的和尚说："来来来，我带你去看。"

于是他带着右边那座山的和尚走到庙的后院，指着一口井说：

"这五年来，我每天做完功课后都会抽空挖这口井，即使有时很忙，能挖多少就算多少。如今终于让我挖出井水，我就不用再下山挑水，我可以有更多时间练我喜欢的太极拳了。"

贾玲的选择

她出生于湖北襄樊一个普通工人家庭。一向成熟稳重、比她大五岁的姐姐，总是替她早早安排好人生的路。高二时，在

感悟
ganwu

选择无所作为，生活便一成不变。选择积累创造，生活将报以丰厚的回馈。

姐姐的操持下，她进入武汉艺校学表演。两年后，她又听姐姐的话进了普通高中的高三。随后，她又按照姐姐的想法报考了中央戏剧学院。

临近毕业了，她正思考着如何实现自己人生的梦。然而一天清晨，她的手机铃声响了，是姐姐打来的："你赶紧回来吧，我在襄樊已替你在高速公路收费站找了一份工作，等着你报到。""去做一名收费员？可我在中戏学的是相声表演啊，那我的书不是白念了！"她想。那边姐姐又说："我想明白了，女孩子说相声，是混不出多大名堂的。你回到襄樊，姐姐才放心。"

可这次，她想自己选择。她没有正面回答姐姐的话，而是找了中戏相声班的老师冯巩，请他帮忙打个电话做姐姐的工作。姐姐这才让她权且在北京待上一段时间。

正如许许多多大学毕业生一样，北京的打拼之路可真难走！虽说北京是一个文化之都，可相声的路却很窄很窄。冯巩老师带着他们一帮学生曾经演出过的地方，如今再去时，人家把头摇得像拨浪鼓。她只能接一些杂活打发日子。在最困难的时候，她咬着牙以20元钱卖掉了自己最心爱的随身听，靠着白开水泡面度过了一个星期。

不久之后，她与搭档侯林林排练的相声段子《怎么了》在全国相声小品邀请赛中获得了专业组第一名。尽管她的专业水平得到专家评委的认可，可对于广大观众来说，她依然只是一张生面孔。

事情终于有了转机。一次，在一家俱乐部演出时，她无心说出的一句话竟惹得全场哄堂大笑。就是这笑声，让她一下子找到了几年来自己不被观众看好的原因所在：自己所站的位置是逗哏，那么就要将观众逗乐！可几年来，她很少能做到这样，自己不知不觉也就成了一个陪衬。

自己的一扇心门被推开，也就有了方向。她要乘势而上，在传统相声中寻求突破，寻找自己的位置。她设计出了动作大

感悟
ganwu

有时你选择的这条路暂时可能并不好走，它会有困难、有风险，但崎岖的路能让人磨炼意志、开阔视野、提升智慧、增长才干。在你经历过这些之后，路的那头一定会有灿烂的阳光迎接你。

胆、想象丰富的相声作品《爱拼才会赢》。作品似乎越过了一些人的底线，当时连她的搭档也怀疑：相声有这么说的吗？我怕被别人轰下台！她却相信自己一定能成功。

为了参加中央电视台的相声大赛，她认为《爱拼才会赢》的创意还不到位，于是请人帮忙修改，自己也冥思苦想。经过15次修改，她终于觉得可以了。修改人又给她推荐了一个长得"有趣"的相声演员白凯南做搭档。

作品在比赛中一亮相，现场就掌声不断，《爱拼才会赢》最后被评为三等奖。虽说这个名次比她以前所得的名次要低，可她更看重这个名次，因为这个作品是第一部真正以她为主创的作品，是她自己作为主角的一次获奖。她由此看到了人生前进道路上的曙光，她要迎着这线光明大步走下去。

继《爱拼才会赢》之后，她又推出了《新白娘子传奇》《大话上海滩》《求婚记》等更具创意的作品。中央电视台《周末喜相逢》等栏目也开始邀请她参加表演。人们还为她的相声取了一个名字，叫做"酷口相声"。

是的，她就是贾玲。

2009 年 12 月 26 日，通过一段时间的筹划，表演酷口相声的"新笑声客栈"开始正式营业。从此，她有了属于自己的宽敞明亮的舞台。好事接踵而来，老师冯巩在"新笑声客栈"看了她与白凯南表演的相声《大话逗捧》后，十分喜欢，决定帮忙推荐这个节目上春晚，贾玲终以"春晚纯度最高的'黑马'"走入国人的视线。

窗

从前有两个重病人，同住在一家大医院的小病房里。房间很小，只有一扇窗子可以看见外面的世界。其中一个人，在他的治疗中，被允许在下午坐在床上一个小时。他的床靠着窗，

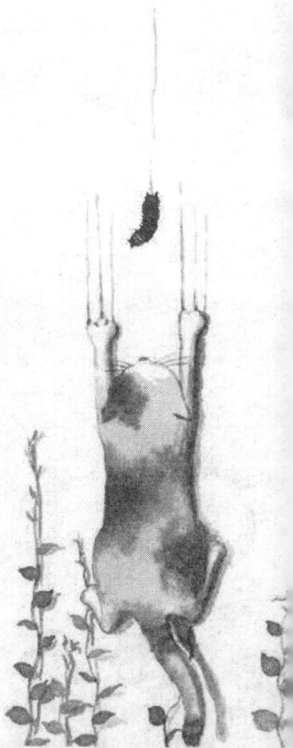

感悟
ganwu

同样的事物，不同的人会有不同的看法，光明磊落的人，以开朗的心境和饱满的热情去对待生活，无论处境如何，都会幸福。而心地阴暗的人，他看到的生活，总像"一堵空白的墙"。

但另外一个人终日都得平躺在床上。

每当下午睡在窗旁的那个人在那个小时内坐起的时候，他都会描绘窗外的景致给另一个人听。从窗口向外看可以看到公园里的湖。湖内有鸭子和天鹅，孩子们在那儿撒面包渣，放模型船，年轻的恋人在树下携手散步，在鲜花盛开、绿草如茵的地方人们玩球嬉戏，后头一排树顶上则是蓝色的天空。

另一个人倾听着，享受每一分钟。他听见一个孩子差点跌到湖里，一个美丽的女孩穿着漂亮的夏装……他朋友的述说几乎使他感觉自己亲眼目睹外面发生的一切。

然而，在一个天气晴朗的午后，他心想：为什么睡在窗边的人可以独享看外头的权利呢？为什么我没有这样的机会？他觉得不是滋味，他越这么想，就越想换位置。他一定得换才行！

有天夜里他盯着天花板瞧，靠窗的人忽然惊醒了，拼命地咳嗽，一直想用手按铃叫护士来。第二天早上，护士来的时候那人已经死了，只能静静地抬走他的尸体。

过了一段时间后，这人开口问，他是否能换到靠窗户的那张床上。他们搬动了他，帮他换位置，使他觉得很舒服。他们走了以后，他企图用手肘撑起自己，吃力地往窗外望……

窗外只有一堵空白的墙。

机　会

有一个老人有天晚上碰到一个神仙，这个神仙告诉他说，有大事要在他身上发生，他有机会得到很大的财富，在社会上获得极高的地位，并且娶到一个漂亮的妻子。

这个人终其一生都在等待这个奇迹的实现，可是什么事也

没发生。

这个人穷困地度过了他的一生，最后孤独地老死了。

当他上了西天，他又看到了那个神仙，他对神仙说：你说过要给我财富、很高的社会地位和漂亮的妻子的，我等了一辈子，却什么也没有。

神仙回答他：我没说过那种话，我只承诺过要给你机会得到财富，一个受人尊重的社会地位和一个漂亮的妻子，可是你却让这些从你身边溜走了。

这个人迷惑了，他说：我不明白你的意思。

神仙回答道：你记得你曾经有一次想到一个好点子，可是你没有行动，因为你怕失败而不敢去尝试？这个人点点头。

神仙继续说：因为你没有去行动，这个点子几年后被另外一个人想到了，那个人一点也不害怕地去做了，你可能记得那个人，他就是后来变成全国最有钱的那个人。还有，你应该还记得，一次城里发生了大地震，城里大半的房子都毁了，好几百人被困在倒塌的房子里，你有机会去帮忙拯救那些存活的人，可是你却怕小偷会趁你不在家的时候，到你家里去打劫，偷东西。这个人不好意思地点点头。

神仙说：那是你拯救几百个人的好机会，而那个机会可以使你在城里得到多大的尊荣和荣耀啊！

神仙继续说：你记不记得有一个头发乌黑的漂亮女子，那个你曾经非常强烈地被吸引的，你从来不曾这么喜欢过的，之后也没有再碰到过像她这么好的女人？可是你担心她不可能会喜欢你，更不可能会答应跟你结婚，你因为害怕被拒绝，就让她从你身旁溜走了？

这个人又点点头，可是这次他流下了眼泪。

神仙说：我的朋友啊！就是她！她本来应是你的妻子，你们会有好几个漂亮的小孩，而且跟她在一起，你的人生将会有

我们因为害怕被拒绝而不敢跟别人接触；我们因为害怕被嘲笑而不敢跟人们沟通情感；我们因为害怕失落的痛苦而不敢对别人付出承诺。其实，封闭还是开朗，勇敢还是胆怯，关键看自己如何选择。

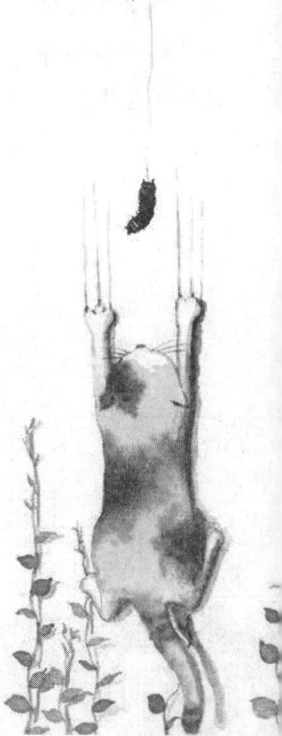

许许多多的快乐。

一个扳道工的动人故事

一边是两列即将相撞的火车，一边是自己心爱的儿子，扳道工的选择可谓艰难，在关键时刻，这名扳道工凭借自己的智慧将两者同时保全。也许，当我们面临抉择的时候，缺少的恰恰是这种智慧。

在一个火车站，一个扳道工正走向自己的工作岗位，去为一队徐徐而来的火车扳动道岔。这时在铁轨的另一头，还有一列火车从相反的方向进车站。如果他不及时扳岔，两列火车必定相撞。

这时，他无意中回过头一看，发现自己的儿子正在铁轨那一端玩耍，而那列开始进站的火车就行驶在这条铁轨上。是抢救儿子，还是扳道避免一场灾难——他可以选择的时间太少了。那一刻，他威严地朝儿子喊了声"卧倒"！同时，冲过去扳动了道岔。

一眨眼的工夫，这列火车进入了预定的轨道。那一边，火车也呼啸而过。

车上的旅客丝毫不知道，他们的生命曾经千钧一发，他们也丝毫不知道，一个小生命卧倒在铁轨边上——火车轰鸣着驶过，孩子毫发未损。那一幕刚好被一个从此地经过的记者摄入镜头中。

人们猜测，那个扳道工一定是一个非常优秀的人。后来，人们才渐渐知道，那个扳道工是一个普普通通的人。他唯一的优点就是忠于职守，没误工过一秒钟。而更让人意想不到的是，他的儿子是一个弱智儿童。

他告诉记者，他曾一遍一遍地告诉儿子说："你长大后能干的工作太少了，你必须有一样是出色的。"儿子听不懂父亲的话，依然傻乎乎的，但在生命攸关的那一秒钟，他却"卧倒"了——这就是他在跟父亲玩打仗游戏时，唯一听懂，并做得最出色的动作。

小河流的旅程

高高的天山脚下，融化的雪水正汇成一条清澈的河流。它从天山一泻而下，穿越了很多个村庄与森林。后来在它的面前出现了一个荒芜的沙漠。河流第一次见这样广袤的沙漠，并不了解沙漠的特性。它越过了山川河流，劲头十足，当它行进在沙漠中的时候，发现它的身体在渐渐地消瘦，很多河水都渗到沙子里去了。它冲击了无数次，总是无功而返。于是它有些灰心丧气了，"我永远也到不了东方的太平洋了"。

这时候，一个低沉有力的声音传到河流的耳边："如果风可以跨越沙漠，河流为什么不可以呢？"原来是它的"绊脚石"沙漠发出的声音。小河流很不服气地回答："那是因为微风可以像鸟一样飞翔，可是我却不行。"

"因为你坚守你美丽的形体，所以你永远也不能跨越我。你必须让微风做你的翅膀，带你从我的上空飞过，到达你的目的地。只要你愿意放弃你现在的样子，让自己蒸发到微风中就可以了。"沙漠关爱地说。

小河流从来不知道有这样的事情，"放弃我现在的样子，然后消失在微风中？不！不！"小河流无法接受这样的说法，它从未有这样的经历，"叫我放弃自己现在的样子，那么不就是自我毁灭了吗？我怎么知道这是真的？"小河流疑惑地问。

"微风可以把你变成气体，然后轻轻地托着你飘过沙漠，到了有高山的地方或是遇到对流的空气，你就会落地变成雨水。然后这些雨水又会形成河流，继续向前进。"沙漠很有耐心地回答。

"那我还是从天山来的我吗？"小河流问。

感悟
ganwu

只要内在的本质不变，外在的形式不是可以有多种选择吗？选择改变，就是选择生存，选择发展。

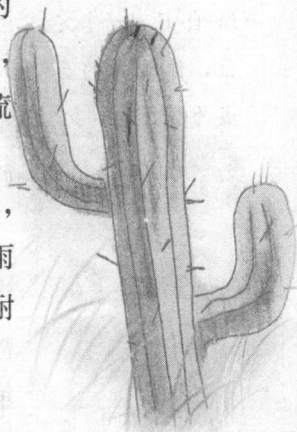

215

"可以说是，也可以说不是。"沙漠回答，"不管你是河流还是水蒸气，你内在的本质从来没有改变。你会坚持你是一条河流，因为你从来不知道自己有像孙悟空一样可以变化的特性。"

此时小河流相信了沙漠的话，非常地感激沙漠的种种教诲。于是停下来，与天上自由的风商量，自己怎样才能变成水蒸气。风告诉它，太阳可以帮助它。

十几天之后，这条小河流顺利地完成变身，在风姐姐的帮助下，轻轻地飞上了天空。在沙漠的上空，它不住地挥手向沙漠告别，感谢它的帮助。

最后，小河流又变回了自己，此时的它更加聪明了，它加入了长江浩荡的队伍，朝太平洋流去。

"九牛之人"

从前，有两个好朋友，一个叫小山，一个叫小河。他们发现，村子里没有自己称心如意的姑娘，于是决定一块儿到外面去寻找美貌的姑娘。

离开家乡之后，他们到过很多地方。有一天，他们来到了一个渔村，在村头碰到一个姑娘，小山觉得那位姑娘正是自己心目中的人，所以他决定留下来。于是对小河说："那个姑娘就是我想找的人，我就留在这里。"小河看那个姑娘没有什么不俗的地方，他就对自己的好朋友说："既然你喜欢，就留下好了，我还要找我喜欢的人。"

于是小山辞别了小河，到当地去打听求婚的风俗，当地人告诉他，去求婚是要送牛的。普通的女孩子只需送一两头牛，贤惠漂亮的女孩送的牛要多，也就是四五头牛，最多是九头牛。可是当地人认为这样的女孩子是非常少见的，这里根本就

感悟
ganwu

生命成长的过程是自我不断提升的过程，你给自己如何定位，你就真的会成为那样的人。

没有人送过九头牛。

结果小山买了九头牛，浩浩荡荡地赶着牛群就去求婚了。

当小山敲开女孩家的大门时，她的父亲出来了，扶着门框吃惊地问："年轻人，你有什么事吗？"小山说："老伯伯，我想娶您的女儿为妻，我赶着牛是来求婚的。"老人惊讶地说："你赶这么多牛来求婚？你求婚也用不着赶这么多牛来，我家女儿只是一个普通的女子，最多也只要三四头牛就行了。你送这么多牛来，如果我收下，邻居会笑话的。"小山说："不，老人家，我认为您的女儿是世上最漂亮的最好的女孩，我认为她的聘礼就值九头牛。请您一定要收下这九头牛，以表达我的诚意。"

老人怎么也推辞不掉，就只好收下这九头牛。

小山如愿地娶到了这个女孩。结婚之后，他一直认为自己的妻子是最漂亮的、最可爱的。

3年过去了，两位老人非常想念女儿，就去女婿家看女儿。那天傍晚，他们到达了女儿家住的小村庄，发现村庄里正在举办一个盛大的篝火晚会，熊熊篝火的旁边，大家正在观看一个体态轻盈、年轻漂亮的女子翩翩起舞。两位老人远远地看了一眼，就说："如果我家的女儿也这么漂亮这么可爱就好了。"

没想到走近一看，那位跳舞的女子就是他们的女儿，他们吃惊地问："3年没有看见你，你怎么会有这么大的变化？"

女儿说："从小到大，大家都认为我是一个普通的人，连我自己也觉得自己没有什么特别。但自从有了第一个人认为我是'九牛之人'，从那时起我就开始学习'九牛之人'的优点，结果3年过去了，没想到我真的成为一个聪明贤惠、漂亮可爱的'九牛之人'了。"

·挺起你的胸膛·

比尔·撒丁在考场上并没有被主考官选中，但是，即使流落街头他也没有丧失做人的尊严，最终以自己的人格魅力打动了主考官。有时我们会抱怨命运的不公，其实，比尔·撒丁的故事正说明，是否被选择，决定权永远掌握在我们自己手中。

70多年前，一位挪威青年男子到法国，他要报考世界著名的巴黎音乐学院。考试的时候，尽管他竭力将自己的水平发挥到最佳状态，但主考官还是没能看中他。

身无分文的青年男子来到学院外不远处一条繁华的街上，勒紧腰带在一棵榕树下拉起了手中的琴。他拉了一曲又一曲，吸引了无数的人驻足聆听。饥饿的青年男子捧起了自己的琴盒，围观的人们纷纷掏钱放入琴盒。

这时，一个无赖鄙夷地将钱扔在青年男子的脚下。青年男子看了看无赖，弯下腰拾起地上的钱并递给无赖说："先生，您的钱丢在地上了。"无赖接过钱，重新扔在青年男子的脚下，再次傲慢地说："这钱已经是你的了，你必须收下！"

青年男子再次看了看无赖，深深地对他鞠了个躬说："先生，谢谢您的资助！刚才您掉了钱，我弯腰为您捡起。现在我的钱掉在了地上，麻烦您也为我捡起！"无赖被青年出乎意料的举动震撼了，最终捡起地上的钱放入青年男子的琴盒，然后灰溜溜地走了。

围观的人群中有双眼睛一直默默关注着青年男子，他就是刚才的那位主考官。他将青年男子带回学院，最终录取了他。

这位青年男子叫比尔·撒丁，后来成为挪威很有名气的音乐家，他的代表作就是《挺起你的胸膛》。

盲人的灯笼

有一个僧人走在漆黑的路上，因为路太黑，僧人被行人撞了好几下。他继续向前走，看见有人提着灯笼向他走过来，这时候旁边有人说："这个瞎子真奇怪，明明看不见，却每天晚

上打着灯笼！"

僧人被那个人的话吸引了，等打灯笼的人走过来的时候，他便上前问道："你真的是盲人吗？"那个人说："是的，我从生下来就没有见到过一丝光亮，对我来说白天和黑夜是一样的。我甚至不知道灯光是什么样的！"

僧人更迷惑了，问道："既然这样你为什么还要打灯笼呢？是为了迷惑别人，不让别人说你是盲人吗？"

盲人说："不是的，我听别人说，每到晚上，人们都变成了和我一样的盲人，因为夜晚没有灯光，所以我就晚上打着灯笼出来。"

僧人感叹道："你的心地多好呀！原来你是为了别人！"

盲人回答说："不是，我为的是自己！"

僧人更迷惑了，问道："为什么呢？"

盲人答道："你刚才过来有没有被人碰撞过？"

僧人说："有呀，就在刚才，我被两个人不留心碰到了。"

盲人说："我是盲人，什么也看不见，但我从来没有被人碰到过。因为我的灯笼既为别人照了亮，也让别人看到了我，这样他们就不会因为看不见而碰我了。"

"泰坦尼克号"的沉没

1914年4月10日晚上，世上最大的邮轮"泰坦尼克号"，满载2207名乘客，从英国出发，开始了前往美国纽约的首航。人们对它信心十足，因为泰坦尼克号被誉为"不沉的方舟"。不料起航后的第四天的夜里，它在大西洋里与冰山相撞。工程师详细检查后告诉船长，船舱损毁严重，最终"泰坦尼克号"沉入冰冷的大西洋里。

在生死千钧一发的时候，不同的生命有着不同的选择。67岁的头等舱乘客、全球最大的美斯百货公司创办人施特劳斯，

感悟
gǎnwù

在生与死的边缘，高贵的人性没有向灾难低头，他们的选择将永远铭刻于人性的纪念碑。原来，在灾难面前，即使是死亡，也可以成为胜利者！

很多人都劝他上救生艇："保证不会有人反对像您这样大年纪的人上救生艇。"此时，这位面临死亡的老人毫不犹豫地回答："在还有女人和孩子没上救生艇之前，我绝不会上。"

世界著名的银行大亨古根海姆，穿上了最华丽的晚礼服说："我要死得体面一些，像一个绅士。"他给太太留下的遗言中写道："这条船不会有任何一个女性因我抢占了救生艇的位置，而留在甲板上。我不会死得像一个畜生，会像一个真正的男子汉。"这些死难的男性乘客中，还有亿万富翁阿斯德、资深报人斯特德、炮兵少校巴特、著名工程师罗布尔等，他们都把自己在救生艇里的位置让出来，给那些来自欧洲，脚穿木鞋、目不识丁、身无分文的农家妇女。另外还有像消防员卡维尔，感到自己可能离开早了点，又回到四号锅炉室，看看还有没有其他的锅炉工困在那里。被分配到救生艇做划桨员的锅炉工亨利，把这个机会给了别人，自己留在甲板上，到最后的时刻还在放卸帆布小艇。信号员罗恩一直在甲板上发射信号弹，摇动摩斯信号灯，不管看起来是多么没有希望。而报务员菲利普斯和布莱德，在报务室坚守到最后一分钟，即使船长史密斯告诉他们可以弃船了，他们仍然不走，继续敲击键盘，敲击着生命终结的秒数，发送电讯和最后的希望。

泰坦尼克号这一轰动全球的沉船事件，造成1 502人死亡，仅有705人获救。当这些经历生死离别的生还者到达纽约后，生命有了不一样的选择。

教师免费样书申请

感谢各位教师和学生使用北京教育出版社出版的系列丛书。为进一步提高我社图书质量，敬请教师和学生完整填写下列信息，我社将因此向教师提供一本免费样书（请您提供教师资格证或工作证复印件）。本表可在本社官方网站www.bjkgedu.com上下载，复制有效，可传真、邮寄，亦可发e-mail。

姓　　名		学校名称		邮　　箱	
电　　话		学校地址		邮　　编	
授课科目		所用教材		学生人数	
通过何种渠道知道本书		学校推荐 □　网站宣传 □　书店推荐 □　海报宣传 □　学生使用 □			
选择本书您首先考虑		出版社品牌 □　体例新颖 □　内容使用性强 □　装帧美观 □　其他 □			
您认为本书有何优点？					
您认为本书有何不足？					
常销系列图书		《168个故事系列》			

注：您申请的样书须与您讲授的课程相关。

诚 征 优 秀 书 稿

北京教育出版社成立于1983年，凭借对教育、教学改革的敏锐把握，依靠经验丰富的教师团队，成功推出了《1+1轻巧夺冠》《课本大讲解》《提分教练》等系列丛书。为了与时俱进，不断创新，打造更实用、更完美的优质教育图书，现诚邀全国中小学名师加盟，诚征中小学优秀教育类书稿。凡加盟者可享受如下待遇：1.稿费从优，结算及时；2."北教社"颁发相关荣誉证书；3.参编者将免费获得"北教社"提供的图书资料和培训机会。

随 书 资 源 下 载

北京教育出版社的图书所附赠的英语听力资料或其他随书资源，均会及时刊登在本社官方网站www.bjkgedu.com上，读者可以上网下载。下载方法如下：在网站免费注册后，登陆"下载中心"频道的"随书资源"区，选择下载所需的随书资源即可。所有随书资源均需凭密码下载，下载密码为图书ISBN号的最后5位数字（注：ISBN号一般印在图书封底条码上方）。

> 请在信封上或邮件中注明"样书申请"或"应聘作者"。

来信请寄：北京市北三环中路6号11层　北京教育出版社总编室
邮编：100120　网址：www.bjkgedu.com　邮箱：bjszbs@126.com
电话：010-58572817（小学）　58572525（初中）　58572332（高中）

后 记

　　本丛书在编写过程中，参阅了大量的期刊和著述，吸取了很多思想的精华。但由于各种原因，编者未能及时与部分入选故事的作者取得联系，在此致以诚挚的歉意，恳请作者原谅。敬请故事的原作者（译者）见到本书后，及时与我们联系，我们将支付为您留备的稿酬及寄去样书。

　　同时，提请广大读者注意的是，本书题名中"168个故事"只是概数，实际故事数量并不以此为限，特此声明。

地址：北京市北三环中路6号北京教育出版社

电话：010—62698883

邮编：100120